系统工程与
航天系统工程管理

花禄森 等 编著

中国宇航出版社

·北京·

图书在版编目(CIP)数据

系统工程与航天系统工程管理/花禄森等编著.—北京：中国宇航出版社,2007.3

ISBN 978-7-80218-210-3

Ⅰ.系…　Ⅱ.花…　Ⅲ.①系统工程②航天系统工程-系统管理　Ⅳ.N94　V57

中国版本图书馆CIP数据核字(2007)第012835号

责任编辑　张铁钧　封面设计　03工舍　责任校对　祝延萍

出版发行　中国宇航出版社
社址　北京市阜成路8号　邮编　100830
(010)68768548
网址　www.caphbook.com/www.caphbook.com.cn
经销　新华书店
发行部　(010)68371900　(010)88530478(传真)
(010)68768541　(010)68767294(传真)
零售店　读者服务部　北京宇航文苑
(010)68371105　(010)62529336
承印　北京智力达印刷有限公司
版次　2007年3月第1版　2007年3月第1次印刷
规格　880×1230　开本　1/32
印张　8.25　字数　235千字
书号　ISBN 978-7-80218-210-3
定价　28.00元

本书如有印装质量问题，可与发行部联系调换

前　言

中国的航天事业创建于1956年，至今已经走过了50年的奋斗历程，她从小到大，从弱到强，现已跻身世界航天先进之列。

中国航天事业的发展离不开党中央、国务院、中央军委和各级政府的领导、关怀和支持，也离不开全国人民和各行各业的大力支持，更离不开历代航天人的辛勤耕耘。中国航天人以国家和民族利益为己任，艰苦创业，无私奉献，开拓创新，负重拼搏，不断攀登新的科技高峰，创造出一个又一个航天奇迹，实现了华夏儿女几千年的飞天梦想。伟大的事业造就伟大的精神，伟大的精神成就伟大的事业。中国航天人在为航天事业做出巨大贡献的同时，还形成了更为珍贵的航天传统精神、“两弹一星精神”和“载人航天精神”，不仅对航天事业发展起到了巨大的推动作用，也对全社会的精神文明建设起到了重要的推动作用。

航天事业的发展依靠当代最先进科学技术的支撑，航天事业也推动和带动了科学技术的发展。导弹武器系统、运载火箭系统、卫星工程系统和载人航天系统等型号项目的研制与生产，始终与系统工程的理论和方法紧密地联系着。可以说，系统工程的理论保证了航天事业的发展，航天事业的发展也极大地推动了系统工程理论的完善、发展和提高。

笔者从事航天事业40余年，从切身的经历中深刻感受到，事业的发展呼唤科学技术、促进科学技术的创新；新的科学技术又推动着事业的蓬勃发展。我国航天系统工程就是在航天型号研制生产的需要中得到发展、而又不断推进航天型号研制工作的一个典范。

系统工程是以系统为研究对象，使系统整体达到协调和最优化的综合性理论和方法，是多学科综合交叉的新型学科，是处于发展中的工程技术，又是组织管理技术。随着科学技术和经济的发展，它的应用已遍布社会、经济、军事、自然、生态等各个领域。

本书的重点不是论述和研究系统工程的基础理论和方法，而是根据航天型号研制的特点和规律，综合、引证系统工程的基础理论和方法，在总结经验的基础上，对科研工作中的重要环节及其管理工作加以归纳、提炼，有些是笔者多年研究和思考的成果。目的是为促进航天事业的发展贡献一份力量，为广大科技工作者提供一点参考，也可作为高等院校相关专业师生的学习资料。

本书共分7章，分别为系统工程概论、航天系统工程管理概述、航天型号系统工程研制管理、航天系统工程质量管理、航天系统工程计划管理、航天系统工程风险管理和航天系统工程文化管理，这些是航天系统工程管理的重点内容，并不涵盖航天系统工程管理的所有方面。

本书原是2005年国家软科学研究项目“航天企业技术创新体系及实现模式研究”的子项目，后经专家建议改写成专著。

笔者作为课题研究的负责人，在课题研究及文稿形成过程中承担了拟订大纲、提出重要观点、对各章进行修改和补充撰写，以及全书的统稿工作；修立军参与了大纲的制定和重要论点的讨论，承担第一章初稿的撰写和全书初稿的统稿工作；李承云参与了各次研究和讨论，并负责了有关的组织协调及资料收集整理工作；张海峰参加了多次讨论和文稿审改工作；童辉、高飞、强雁、吉静、张健壮、樊继浩分别承担了第二章到第七章的资料收集整理和初稿撰写工作。在课题研究过程中，得到了科技部软科学处赵刚处长的关心和帮助，得到了殷瑞钰院士、沈荣骏院士、李京文院士和童光荣教授、徐晓林教授等专家的指导，在此一并表示感谢。

在本书的成稿过程中，虽然进行了多次修改和补充，书中肯定还会有许多疏漏、不足甚至错误之处，望读者予以指正。

花禄森

2006年12月

目　　录

第1章　系统工程概论

1.1　系统

1.1.1　系统的含义

“系统”是整个系统科学中最基本的概念。系统(System)一词最早出自于古希腊语“Syn-Histanai”一词,原意是指事物中共性部分和每一事物应占据的位置,也就是部分组成的整体。近代一些科学家和哲学家常用系统一词来表示复杂的具有一定结构的研究对象,如天体系统、人体系统、导弹武器系统等。从中文字面上看,“系”指关系、联系;“统”指有机统一,“系统”则指按一定联系组成的整体。美籍奥地利生物学家L·V·贝塔朗菲(Ludwing Von Bertalanffy)于1937年第一次将系统作为一个重要的科学概念予以研究,他认为,“系统的定义可以确定为处于一定相互关系中并与环境发生关系的各组成部分的总体”。

系统的定义依照学科的不同、待解决问题的不同及使用方法的不同而有所区别,国外关于系统的定义已达40余种,其中有代表性的有以下几种。

R·吉布松定义系统是“互相作用的诸元素的整体化总和,其使命在于以协作方式来完成预定的功能”。

B·H·萨多夫斯基认为,系统是“互相联系着并形成某种整体性统一体的诸元素按一定方式有秩序地排列在一起的集合”。

N·B·布拉乌别尔格、B·H·萨多夫斯基和尤金指出,“从系统的整体性出发,可以从性质方面通过下列特征给系统概念下定义:1) 系统是由相互联系的诸元素组成的整体性复合体;2) 它与环境组成特殊的统一体;3)任何被研究的系统通常都是更高一级系统的元素;4)任何被研究的系统的元素通常又都作为更低一级的系统。”

美国国家宇航局《系统工程手册》定义系统是“由相互关联的部分组成的整体,这些部分在一定组织方式下相互作用以达到一个共同的目的”。

《韦氏大辞典》解释系统为“有组织的或被组织化的整体,结合构成整体所形成的各种概念和原理的综合,以有规则的相互作用和相互依存的形式结合起来的诸要素的集合等”。

日本工业标准(JIS)定义系统为“许多组成要素保持有机的秩序,向同一目标行动的事物”。

综上所述,系统概念同其他认识范畴一样,描述的是一种理想的客体,而这一客体在形式上表现为诸要素的集合。

我国系统科学界较为通用的定义是:“系统是由相互作用和相互依赖的若干组成部分(要素)结合而成的、具有特定功能的有机整体。”据此定义,系统必须具备三个条件:第一,系统必须由两个或两个以上的要素(或部分、元素、子系统) 所组成,要素是构成系统的最基本单位,因而也是系统存在的基础和实际载体,系统离开了要素就不能被称为系统;第二,要素与要素之间存在着一定的有机联系,从而在系统的内部和外部形成一定的结构或秩序,任何一个系统又是它所从属的一个更大系统的组成部分(要素), 这样,系统整体与要素、要素与要素、整体与环境之间,存在着相互作用和相互联系的机制;第三,任何系统都有特定的功能,这是整体具有不同于各个组成要素的新功能,这种新功能是由系统内部的有机联系和结构所决定的。

1.1.2 系统的特征

系统具有以下共同属性:整体性、集合性、层次性、相关性、目的性以及环境适应性。这些属性是系统与非系统的本质区别。

1. 整体性

系统是由两个或两个以上的可以相互区别的要素,按照作为系统所应具有的综合整体性而构成的。系统整体性说明,具有独立功能的系统要素以及要素间的相互关系(相关性、层次性)是根据逻辑统一性的要求,协调存在于系统整体之中。就是说,任何一个要素不能离开整体而存在,要素间的联系和作用也不能脱离整体的协调而存在。系统不是各个要素的简单集合，否则它就不会具有作为整体的特定功能。脱离了整体性，要素的机能和要素间的作用便失去了原有的意义，研究任何事物的单独部分不能得出有关整体性的结论。系统的构成要素和要素的机能，要素的相互联系要服从系统整体的目的和功能，在整体功能的基础上展开各要素及其相互之间的活动，这种活动的总和形成了系统整体的有机行为。在一个系统整体中，即使每个要素并不都是很完善的，但它们也可以协调、综合成为具有良好功能的系统。反之，即使每个要素都是良好的，但作为整体却不具备某种良好的功能，也就不能称之为完善的系统。

2. 集合性

把一些具有某种属性的对象看成一个整体，从而形成一个集合。集合里的各个对象叫做集合的各个要素(子集)。系统的集合性表明，系统是由两个或两个以上的可以互相区别的要素组成的。这些要素可以是具体的物质，也可以是抽象的或非物质的软件、组织等。例如，一个武器系统是由相互关联的各分系统集合而成的，与武器系统相配套的软件也构成一个完整的系统。

3. 层次性

系统作为一个相互作用的诸要素的总体，可以分解为一系列的子系统，并存在一定的层次结构，这是系统空间结构的特定形式，在系统层次结构中，表述了在不同层次子系统的从属关系或相互作用关系。在不同的层次结构中存在着动态的信息流和物质流，构成系统的运动特性，为深入研究系统层次之间的控制与调节功能提供了条件。因此，各个复杂系统可以按不同层次进行分解，由繁到简，直至最基本的单元，从而为人们研究系统提供了条件。

4. 相关性

组成系统的要素是相互联系、相互作用的，相关性说明这些联系之间的特定关系，以及这些关系之间的演变规律。系统通过各子系统相互协调的运转去完成特定目标。各子系统之间具有密切的关系，相互影响、相互制约、相互作用，牵一发而动全身。系统要求各个子系统服务于系统的整体目标，提高系统的有序性，尽量避免系统的“内耗”，提高系统整体运行的效率。

5. 目的性

通常，系统都具有某种目的性。要达到既定的目的，系统就需要具有一定的功能，而这正是一系统区别于另一系统的标志。系统的目的一般用更具体的目标来体现，对于比较复杂的大系统或巨系统而言，都有不止一个的目标，因此，需要用一个指标体系来描述系统的目标。比如，衡量一个工业企业的经营业绩，不仅要考核它的产量、产值指标，而且要考核它的成本、利润、安全和质量指标的完成情况。在指标体系中各个指标之间有时是相互矛盾的，有时是互为消长的。为此，要从整体出发，力求获得全局最优的效果，这就要求在矛盾的目标之间做好协调工作，寻求平衡或折中方案。

为了实现系统的目的，系统必须具有控制、调节和管理功能。管理的过程也就是使系统有序化的过程，通过管理，系统能够达到与系统目的相适应的状态。

6. 环境适应性

任何一个系统都存在于一定的物质环境之中，因此，它必然要与外界环境产生物质、能量和信息的交换，外界环境的变化必然会引起系统内部各要素之间的变化。系统必须适应外部环境的变化。只有经常与外界保持最优适应状态的系统，才是保持不断发展势头的理想系统。

1.2 系统工程的基本概念

1.2.1 系统工程的含义及特点

系统工程是一门正处于发展阶段的新兴学科，应用领域十分广泛。由于它与其他学科相互渗透、相互影响，因此不同专业领域的学者对它的理解不尽相同，要给出一个统一的定义比较困难。国内外学术和工程界对系统工程的不同定义可以为我们认识系统工程提供参考。

1967 年，美国著名学者 H·切斯纳(H. Chestnut)在其所著的《系统工程学的方法》中指出："系统工程学是为了研究由多个子系统构成的整体系统所具有的多种不同目标的相互协调，以期达到系统功能的最优化，最大限度地发挥系统组成部分的能力而发展起来的一门科学。”

1976年，美国《科学技术辞典》中的定义是：“系统工程是研究彼此密切联系的许多要素所构成的复杂系统的设计的科学。在设计这种复杂系统时，应有明确的预定功能及目标，同时在组成它的各要素之间及各要素与系统整体之间又必须能够有机联系、配合协调，以使系统总体达到最优目标。在设计时还要考虑到参与系统中人的因素和作用。”

1971年，东京工业大学寺野寿郎教授在其所著的《系统工程学》一书中定义：“系统工程学是为了合理地开发、设计和运用系统而采用的思想、程序、组织和手法等的总称。”

日本工业标准(JIS)规定：“系统工程是为了更好地达到系统目标，而对系统的构成要素、组织结构、信息流动和控制机构进行分析和设计的技术。”

美国国防部系统管理学院的《系统工程原理》指出：“系统工程由两个要素部分组成，即系统工程运行的技术知识领域和系统工程管理。”

1979年，我国著名学者钱学森等在《组织管理的技术——系统工程》一文中指出：“把极其复杂的研制对象称为系统。即由相互作用和相互依赖的若干组成部分结合成具有特定功能的有机整体，而且这个系统本身又是它所从属的一个更大系统的组成部分……系统工程学则是组织管理这种系统的规划、研究、设计、制造、试验和使用的科学方法，是一种对所有系统都具有普遍意义的科学方法。”

《中国大百科全书·自动控制与系统工程卷》中的定义为：“系统工程是从整体出发合理开发、设计、实施和运用系统的工程技术。它是系统科学中直接改造世界的工程技术。”

还有学者认为，系统工程是研究具有系统意义的问题。在现实生活和理论探讨中，凡着眼于处理部分与整体、差异与统一、结构与功能、自我与环境、有序与无序、行为与目的、阶段与全过程等相互关系的问题，都是具有系统意义的问题。

我国著名管理学家汪应洛在其所著的《系统工程理论、方法与应用》中指出:“系统工程是以研究大规模复杂系统为对象的一门交叉学科。它是把自然科学和社会科学的某些思想、理论、方法、策略和手段等根据总体协调的需要,有机地联系起来,把人们的生产、科研或经济活动有效地组织起来,应用定量分析和定性分析相结合的方法和计算机等技术工具,对系统的构成要素、组织结构、信息交换和反馈控制等功能进行分析、设计、制造和服务,从而达到最优设计、最优控制和最优管理的目的,以便最充分地发挥人力、物力的潜力,通过各种组织管理技术,使局部和整体之间的关系协调配合,以实现系统的综合最优化。”

综合上述各种观点,本书的界定是:系统工程是跨越多学科的边缘学科,是现代化的组织管理技术,属于工程技术范畴。系统工程具有以下一些特征。

1) 研究对象是具有普遍意义的系统,特别是大系统;

2) 既是一种方法论,又是一种组织管理技术;

3) 涉及到许多学科的边缘科学与交叉学科;

4) 是研究系统所需的一系列思想、理论、程序、技术、方法的总称;

5) 在很大程度上依赖于电子计算机;

6) 强调定量分析与定性分析的有机结合;

7) 是研究具有系统意义的问题;

8) 着重研究系统的构成要素、组织结构、信息交换与反馈机制;

9) 所追求的是系统的总体最优以及实现目标的具体方法和途径的最优。

1.2.2 系统工程方法论

系统工程的出现,在很大程度上改变了人们的思维方式,使人们逐渐从传统的以“实物为中心”的方式过渡到主要以“系统为中心”的方式,以“系统为中心”的思维方式在方法论上的具体化便形成了系统工程方法论,即以系统工程思考问题和处理问题的思想方法、理论基础、基本程序和方法步骤。系统工程方法论是一种将分析对象作为整体系统来考虑,在此基础上进行分析、设计、制造和使用的基本思想方法。系统工程方法论主要的研究对象有:各种系统工程方法的形成和发展、基本特征、应用范围、方法间的相互关系以及如何构建、选择和应用系统方法。

有一定的思想才能形成一定的认识,进而研究一定的方法论。系统工程方法论的建立是在系统思想的指导下进行的,其发展过程与系统思想发展过程在规律性上是一致的。古代的朴素系统思想,决定了当时的研究方法仅仅局限于用定性和概念性的文字进行描述,并未形成一个完整的方法论体系。

现代系统思想逐步将实践中用到的方法提升到方法论的高度。现代系统工程方法论代表性的流派有以美国兰德(RAND)公司为代表的系统分析方法论、以霍尔(A.D.Hall)为代表的硬系统工程方法论、以切克兰德(Checkland)为代表的软系统工程方法论、以钱学森为代表的从定性到定量综合集成方法论、以顾基发和朱志昌为代表的WSR系统方法论等。

1. 以兰德公司为代表的系统分析方法论

系统分析(System Analysis)方法论最初产生于第二次世界大战时期,和运筹学同时出现。系统分析是兰德公司在长期的研究中发展并总结出来的一套解决复杂问题的方法和步骤,其宗旨在于提供重大的研究与发展计划和相应的科学依据,提供实现目标的各种方案并给出评价,提供复杂问题的分析方法和解决途径。

(1) 系统分析的定义

广义地解释,把系统分析作为系统工程的同义语。狭义地理解,系统分析是系统工程的一个逻辑步骤,这个步骤是系统工程的中心部分,为系统工程实现优化提供了一个逻辑的途径,它贯穿于系统工程的全过程,并作为系统工程一种有目的、有步骤的探索过程,一种研究问题的方法、解决问题的途径、优化的技术和决策的工具。

美国学者夸德(E.S.Quade)对系统分析作了这样的说明:所谓系统分析,是通过一系列的步骤,帮助决策者选择决策方案的一种系统方法。这些步骤是:研究决策者提出的整个问题,确定目标,建立方案,并且根据各个方案的可能结果,使用适当的方法(尽可能用解析的方法)去比较各个方案,以便能够依靠专家的判断能力和经验去处理问题。

综上所述,所谓系统分析,就是利用科学的分析工具和方法,分析和确定系统的目的、功能、环境、费用与效益等问题,抓住系统中需要决策的若干关键问题,根据其性质和要求,在充分调查研究和掌握可靠信息资料的基础上,确定系统目标,提出实现目标的若干可行方案,通过模型进行仿真试验、优化分析和综合评价,最后整理出完整、正确、可行的综合资料,从而为决策提供充分的依据。

(2) 系统分析的实质

1) 系统分析是一种决策工具,其主要目的在于为决策者提供直接判断和决定最优方案的信息和资料;

2) 它把任何研究对象均视为系统,以系统的整体最优化为工作目标,并力求建立数量化的目标函数;

3) 强调科学的推理步骤,使所研究系统中各种问题的分析均能符合逻辑的原则和事物的发展规律,而不是凭主观臆断和单纯经验;

4) 应用数学的基本知识和优化理论,从而对各种替代方案的比较不仅有定性的描述,而且基本上都能以数字显示其差异,至于非计量的有关因素,则运用直觉、判断及经验加以考虑和衡量;

5) 通过分析,使待开发系统在一定的条件下充分挖掘潜力,做到人尽其才,物尽其用。

(3) 对系统分析应有的基本认识

系统分析是一种仍在不断发展的现代科学方法,虽然它已在很多领域得到应用并取得了显著成效,但考虑到经济与时效等因素,因此,并不是说,任何问题都可用系统分析来研究。所以,在采用系统分析前,应对以下几方面有所认识。

1) 系统分析不是件省事、省时的易事,它需要有高度能力的分析人员辛勤而漫长地工作;

2) 系统分析虽然对决策有很大的助益,但是它不能完全代替经验、想象力和判断力;

3) 系统分析最重要的价值,在于它能解决问题的容易部分,这样决策者就可集中其判断力,来解决较难的部分;

4) 系统分析基本上是以经济学的方法来解决问题,要有效地运

用它,必须具备相当的经济学知识;

5) 对同一问题,通常会有不同的解决方案,应用系统分析研究问题,应对各种解决问题的方案先计算出全部费用,然后再进行方案比较;

6) 费用最少的方案,不一定就是最佳的选择,因为选择最佳方案的着眼点不在“省钱”,而在“有效”。

(4) 系统分析的要素

系统分析涉及的要素多种多样。兰德公司代表人物之一——希奇的思想最具代表性,他认为在进行系统分析时,必须把握以下 5 个基本要素。

① 目的

目的是决策的出发点。为了正确获得最优化系统方案所需的各种有关信息,系统分析人员的首要任务就是要充分了解建立系统的目的和要求,并确定系统的构成和范围。

② 方案

一般情况下,为实现某一目的,总会有几种可采取的方案或手段。这些方案彼此之间可以替换,通常被称为替代方案或可行方案。比如,要进行货物运输,可以选择航空运输、铁路运输、水路运输和公路运输等方式,同时还可选择不同运输方式之间的组合运输方式,而这些方案对于达到货物运输的目的(安全、经济、快捷)各有利弊。究竟选择哪一种方案最合理,这就需要利用系统分析来研究和解决。

③ 模型

模型是对实体系统抽象的描述,它可以将复杂的问题化为易于处理的形式。在尚未建立实体系统的情况下,人们可以借助一定的模型来有效地求得系统设计所需要的参数,并据此确定各种制约条件。同时,还可以利用模型来预测各可行方案的性能、费用和效益,以利于对各种可行方案进行分析和比较。

④ 费用和效益

费用和效益是分析、比较和选择方案的重要指标。方案实施的实际支出就是费用,达到目的所取得的成果就是效益。把费用和效益都折合成货币来进行比较,一般说来,效益大于费用的方案是可取的,反之则不可取。

⑤ 评价基准

评价基准是系统分析中确定各种替代方案优先顺序的标准。通过评价基准对各方案进行综合评价，确定出各方案的优先顺序。评价基准一般根据系统的具体情况而定，费用与效益的比较通常是评价各方案的基准。

(5) 系统分析的步骤

任何问题的研究与分析，均有其一定的逻辑推理步骤。根据系统分析各要素相互之间的制约关系，系统分析的步骤可概括如下。

① 问题构成与目标确定

当一个分析研究的问题确定以后，首先要将问题进行系统与合乎逻辑的叙述，其目的在于确定目标。说明问题的重点与范围，以便进行分析研究。

② 搜集资料，探索可行方案

在问题构成之后，就要拟定大纲和决定分析方法，然后依据已搜集的有关资料找出其中的相互关系，寻求解决问题的各种可行方案。

③ 建立模型(模型化)

为便于分析，应建立相应的模型，利用模型预测每一方案可能产生的结果，并根据其结果定量说明各方案的优劣与价值。模型的功能在于组织人们的思维及获得处理实际问题所需的指示或线索。模型充其量只是现实过程的近似描述，如果它说明了所研究的系统的主要特征，就称得上是一个满意的模型。

④ 综合评价

利用模型和其他资料所获得的结果，对各种方案进行定量和定性的综合分析，显示出每一种方案的利弊得失和成本效益，同时考虑到各种有关的无形因素，如政治、经济、军事、理论等，所有因素加以合并考虑和研究，获得综合结论，作为行动的方针。

⑤ 检验与核实

以试验、抽样、试行等方式鉴定所得结论，提出应采取的最佳方案。

在分析过程中，可利用不同的模型，在不同的假定下对各种可行方案进行比较,获得结论,提出建议,但是否实行,则由决策者来作出决定。

任何问题,仅进行一次分析往往是不够的。一项成功的分析,是一个连续循环的过程,见图1-1。

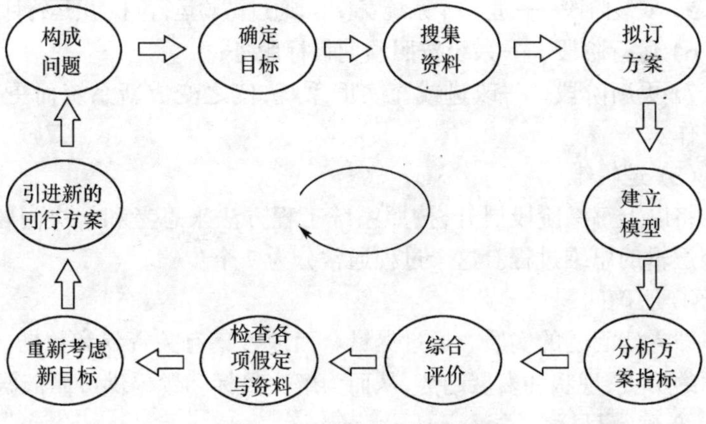

图1-1　系统分析的步骤

2. 以霍尔为代表的硬系统工程方法论

1962年,美国贝尔电话公司的工程师霍尔总结开展系统工程的经验,写了《系统工程方法论》一书,提出了著名的三维结构方法体系。该方法最初来源于硬的工程系统,适用于良结构系统,在解决大多数硬的或偏硬的工程项目中,是卓有成效的,因此受到各国学者的普遍重视。霍尔的方法论适应了20世纪60年代系统工程的应用需要,当时系统工程主要用来寻求各种战术问题的最优策略,或者用来组织管理大型工程的建设。在航天系统工程中,大量和普遍运用霍尔三维结构的方法,依此原则,根据不同型号和产品的系统特点,进行工作结构分解和产品结构分解,从而使复杂的大系统变得有序而易于解决。

霍尔的系统工程三维结构,把系统工程的活动分为前后紧密相连的7个阶段和7个步骤,同时考虑到了完成各阶段和步骤所需要的各种专业知识。

(1) 时间维

对一个具体的系统工程活动,从规划阶段到更新阶段按时间顺序排列,可分为以下7个工作阶段。

1）规划阶段——制定系统工程活动的决策和规划；

2）拟订方案阶段——提出具体的计划方案；

3）研制阶段——实现系统的研制方案，并做出生产计划；

4）生产阶段——生产出系统的零部件及整个系统，并提出安装计划；

5）安装阶段——把整个系统安装好，通过试验运行制定出运行计划；

6）运行阶段——系统按照预期目标服务；

7）更新阶段——改进或充实旧系统，使之变成新系统而更有效地工作。

（2）逻辑维

将以上每一阶段展开，按照系统工程方法来思考和解决问题，有一个逻辑的思维过程。这个过程通常分为 7 个步骤。

① 明确问题

即弄清问题的实质。通过尽量全面地搜集有关资料和数据，说明问题的历史、现状和发展趋势，从而为解决目标问题提供可靠依据。

② 确定目标

提出为解决问题所需要达到的目标，并且制定出衡量是否达到目标的标准，以利于对所有供选择的系统方案进行衡量。

③ 系统综合

按照问题性质及总目标形成一组可供选择的系统方案，方案中要明确所选系统的结构和参数。在系统综合时最重要的是自由地提出设想。

④ 系统分析

对可能入选的方案进一步说明其性能和特点以及整个系统的相互关系。为了对众多备选方案进行分析比较，往往通过模型，把这些方案与系统的评价目标联系起来。

⑤ 系统选择

在一定的限制条件下，从各入选方案中选出最优者。当评价目标只有一个定量的指标，而且备选方案的个数不多时，容易从中确定最优者；但当备选方案个数很多，评价目标又有多个，而且彼此之间又有矛盾时，要选出一个对所有指标都优化的方案通常是不可能的，必须在各个指标间进行一定的协调，此时可使用多目标最优化方法来进行评价，以确定各个方案的优劣次序。

⑥ 系统决策

由领导根据更全面的要求，选择一个或几个方案来试用，有时不一定就是以上的最优方案。根据系统工程的咨询性，决策步骤并非系统工程师的职责，但是对于决策技术的研究，则是系统工程师的份内工作。

⑦ 系统实施

将最后选定的方案，具体付诸实施。如果在实施过程中，进行得比较顺利或者遇到的困难不大，可略加修改和完善，并把方案确定下来，那么整个步骤即告一段落。如果问题较多，就有必要回到所述逻辑步骤中认为需要改进的一步，重新做起，然后再决策或实施。这种反复有时会出现多次，直到结果满意为止。

(3) 知识维

知识维是为完成各阶段、各步骤所需要的知识和各种专业技术。通常可理解为工程、生物、经济、法律、管理、社会科学及艺术等各种专业知识和技术。霍尔提出的知识维仅仅是一种概念上的，他没有就如何组织相关知识作出进一步的说明。

从知识这个维度来考虑，就是要用系统的方法有效地获取上述各阶段、各步骤所必需的知识，并对其进行开发、利用、规划和控制，从而更好地实现系统工程目标。

知识管理(Knowledge Management)是1986年由美国管理咨询专家创造性地提出来的，随着20世纪90年代知识经济的来临，知识管理更加引起了各国管理学家的密切关注。用系统的方法去发现、理解和使用知识，已成为系统工程项目能否有效开展的决定性因素。在系统的开发和运用中，知识管理意味着把正确的知识在正确的时间交给正确的人，使之能作出最满意的决策。

系统工程中知识管理的过程一般划分为以下7个阶段。

1) 知识辨识阶段，即根据系统工程的总体目标要求，制定知识来源战略，划定知识管理范围，辨识知识；

2) 获取知识阶段，将现存知识(信息库、文件或人脑中的知识)编码或显化；

3) 知识选择阶段，评估知识及其价值，去除相互冲突的知识；

4）储存知识阶段，通过适当、有效的方式储存所选择的知识；

5）知识共享阶段，将正确的知识传输给每一个阶段的使用者；

6）知识使用阶段，在各个阶段的工作中使用知识；

7）知识创新阶段，通过科研、实验和创造性思维发现新知识。

霍尔三维结构为解决大规模复杂系统提供了一个统一的思想方法，详见图 1－2。

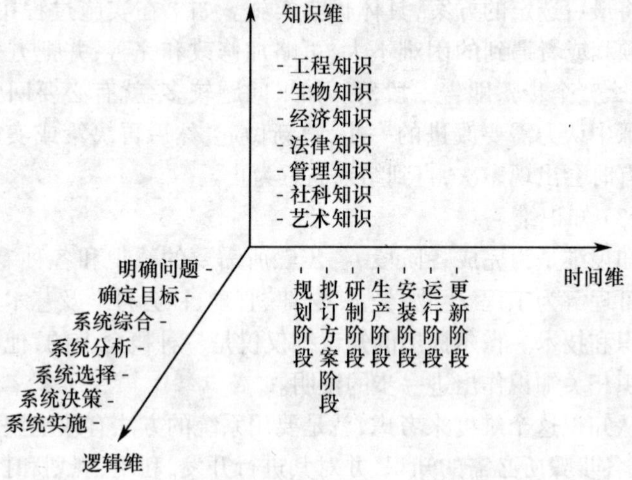

图 1－2　霍尔三维结构

把时间维和逻辑维结合起来，就形成所谓的霍尔管理矩阵，见表 1－1。

表 1－1　霍尔管理矩阵

	规划	方案	研制	生产	安装	运行	更新
明确问题	a_{11}	a_{12}	a_{13}	a_{14}	a_{15}	a_{16}	a_{17}
确定目标	a_{21}	a_{22}	a_{23}	a_{24}	a_{25}	a_{26}	a_{27}
系统综合	a_{31}	a_{32}	a_{33}	a_{34}	a_{35}	a_{36}	a_{37}
系统分析	a_{41}	a_{42}	a_{43}	a_{44}	a_{45}	a_{46}	a_{47}
系统选择	a_{51}	a_{52}	a_{53}	a_{54}	a_{55}	a_{56}	a_{57}
系统决策	a_{61}	a_{62}	a_{63}	a_{64}	a_{65}	a_{66}	a_{67}
系统实施	a_{71}	a_{72}	a_{73}	a_{74}	a_{75}	a_{76}	a_{77}

霍尔提出的基于时间维、逻辑维、知识维的三维结构，标志着硬系统工程方法论的建立，也有文献将运筹学方法论、系统分析方法论、霍尔三维结构、系统动力学方法论统称为硬系统工程方法论。其特点是强调明确的目标，认为对任何现实问题都必须而且可能弄清其需求，其核心内容是优化。

1972 年，希尔(Hill)和沃菲尔德(Warfeild)为克服约束条件复杂的多目标大系统组织方面的困难，在霍尔三维结构的基础上提出了统一规划法。其实质是对霍尔管理矩阵中规划阶段的具体展开，利用它可以较好地实现对大型复杂系统的全面规划和总体安排。

3. 以切克兰德为代表的软系统工程方法论

20 世纪 70 年代，系统工程开始逐步应用于社会、经济系统问题的研究，由于涉及的因素相当复杂且很多难以进行定量分析，霍尔三维结构此时已不再适用。80 年代中期在管理科学家中又兴起一轮批评浪潮，他们认为现在管理学院太偏重理论和定量方法，培养出来的人成为眼光狭窄的技术型干部，缺乏人际关系学问。为了适应发展的需要，1981 年，英国学者切克兰德提出了软系统工程方法论。与霍尔三维结构不同，切克兰德方法论的核心不是最优化而是比较或学习，即从模型和现状的比较中来学习改善现状的途径。切克兰德方法论是霍尔方法论的扩展。

软系统工程方法论是针对不良结构问题而提出的，这类问题往往很难用数学模型表示，通常只能用半定量、半定性甚至只能用定性的方法来处理，这类方法被人们称为“软”的方法，软的主要标志是它吸取了人们的判断和直觉，因此解决问题时更多地考虑了环境因素与人的因素。

切克兰德方法论的基本流程是：

1) 不良结构问题的提出；

2) 问题的表示；

3) 有关系统的基本定义(CATWOE)；

4) 提出概念模型；

5) 将模型与问题的表示作比较；

6) 找出可行、满意解；

7) 采取行动改善实际问题。

软系统工程方法论的结构如图 1－3 所示。

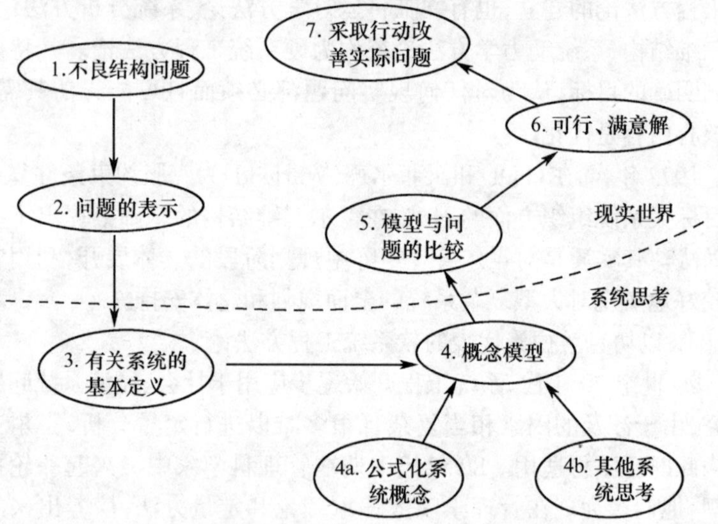

图 1－3　软系统工程方法论结构

由于软系统工程方法论面向的是不良结构问题，且问题本身存在争议，因此系统分析人员将不少精力用于如何弄清问题。为了构造概念模型，首先要明晰系统的基本定义，包括顾客（C）、行动者（A）、变换（T）、世界观（W）、所有者（O）和环境（E），即 CATWOE。用概念模型代替数学模型，使思路更为开阔，用可行、满意解代替最优解，使价值观发生重要变化。

综上所述，软系统工程方法论与硬系统工程方法论相比有许多不同，表 1－2 大致给出了它们之间的差异。

表 1－2　软、硬系统工程方法论比较

方法论	硬系统工程方法论	软系统工程方法论
处理对象	技术系统 人造系统	有人参与的系统
处理的问题	明确，良结构	不明确，不良结构
处理的方法	定量模型，定量方法	概念模型，定性方法
价值观	一元的，要求优化，有明确的好结果（系统）出现	多元的，满意解，系统有好的变化或者从中学到了某些东西

4．以钱学森为代表的从定性到定量综合集成方法论

我国对系统工程方法论的研究起步较晚，但取得了较为丰硕的成果。1987 年，钱学森提出了定性和定量相结合的系统研究方法，并把处理复杂巨系统的方法命名为从定性到定量综合集成方法，把它表述为从定性到定量的综合集成技术。1992 年，他又提出从定性到定量综合集成研讨厅体系，进而把处理开放复杂巨系统的方法与使用这种方法的组织形式有机结合起来，将其提升到了方法论的高度。

开放复杂巨系统具有以下特点。

1）系统与子系统分别与外界有各种各样的能量、信息或物质的交换，而且通过学习互相取得知识；

2）系统内部结构复杂，不仅要用定量模型，而且要用定性模型，各个子系统的知识表达不同，获取知识的方式也各有不同，系统中的结构随着情况变化会不断演变；

3）子系统数量巨大。

从定性到定量综合集成方法论的实质是将专家群体、数据和多种信息与计算机技术有机地结合起来，把各种学科的理论与人的经验知识结合起来，发挥它们的整体优势和综合优势。此方法论的特点包括：定性分析与定量分析相结合，然后上升到定量认识；自然科学与社会科学相结合；科学理论与经验知识相结合；宏观与微观相结合；各类人员相结合；人与计算机相结合。综合集成方法论如图 1－4 所示。

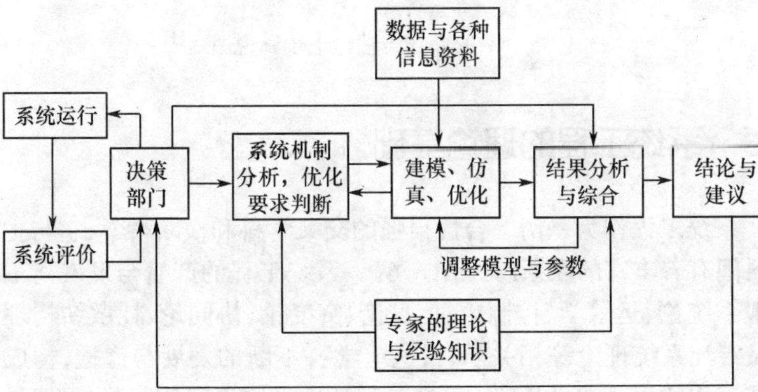

图 1－4　综合集成方法论

5. 以顾基发和朱志昌为代表的 WSR 系统方法论

WSR 系统方法论是 1994 年顾基发和朱志昌在钱学森、许国志等综合集成研讨厅体系基础上提出的方法论，WSR 即是“物理—事理—人理”的汉语拼音缩写。

(1) WSR 具有 3 个基本的概念

物理是指所处理问题的物质运动的客观规律；事理是人们处理问题时介入的机理；人理是指处理问题所涉及的人们之间的关系及其变化。

(2) WSR 的运用程序

WSR 为解决复杂系统问题提供了组织、计划、设计以及进行研究的基本方法和原则，目前有七步骤说和六步骤—要素说两种观点。在实际工作中可以根据理解和工作要求，提出适合该项目的工作步骤和工作模式。图 1－5 示意了 WSR 系统方法论的七步骤说。

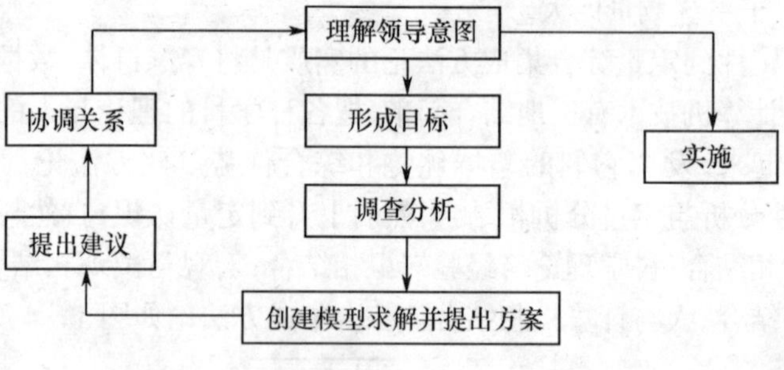

图 1－5　WSR 系统方法论七步骤说图示[1]

1.3　系统工程的理论基础

系统工程作为一门综合性很强的交叉学科和横断科学，它与主要学科间有着丰富的联系(见图 1－6)。系统工程的产生与发展离不开一般系统论、运筹学、控制论、信息论、突变论、协同论、耗散结构理论以及混沌系统理论等相关学科，这些学科不断的发展与渗透，构成了系统工程的重要学科基础。系统工程从中汲取思想的营养，提炼科学的方法，形成科学的理论。

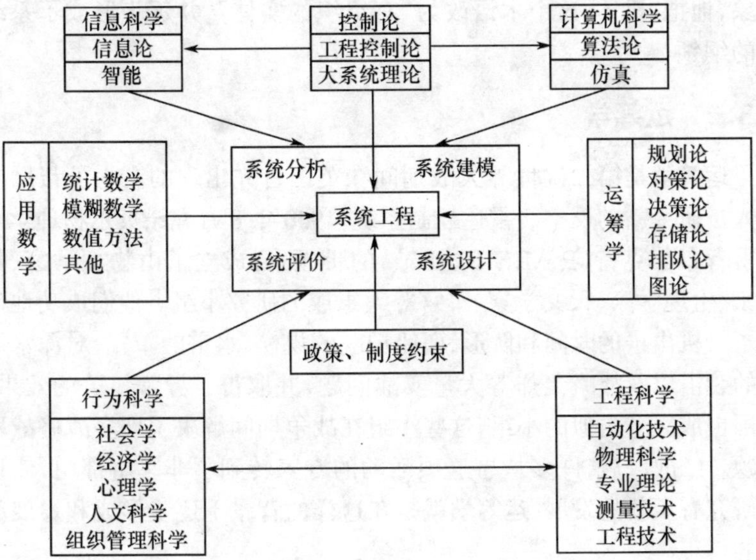

图 1-6　系统工程与主要学科间的联系

1.3.1　一般系统论

一般系统论是系统工程的重要理论基础。一般系统论的创始人是美籍奥地利生物学家贝塔朗菲,1925 年他首次提出了系统论的思想,1937 年提出了一般系统论原理,为系统论奠定了理论基础。1945 年他发表一篇文章,提出了“机体系统论”的概念。他认为,生命有机体具有以下一般特征:一、开放性。生物体是一种开放系统,不仅生物体各组成部分之间存在相互作用,而且更重要的是与环境发生相互作用。二、整体性。生命体是一个有机的整体,各部分离开整体是不能存在的。三、动态性。生物体结构是一种动态结构,每时每刻都在进行新陈代谢,并经历生长、衰老、死亡等阶段。四、能动性。生物体是一个能动系统,具有应激性,如心跳、呼吸等生理机能,这不是对外界刺激的反应,而是维持生存的内在要求的体现。五、等级性。生物组织具有群体、个体、器官、多细胞组织、细胞、基因、物理、化学层次。贝塔朗菲的思想构筑了一般系统论的基本内核,后来为了解释更一般的现象,他把“机体”这个术语改为“有组织的实体”,并逐步形成了系统论的纲领。

1.3.2 运筹学

运筹学是第二次世界大战期间在英国首先出现的。为了帮助参谋人员研究新的反空袭雷达控制系统,1940 年 8 月在诺贝尔物理学奖获得者布莱克特(P.M.S.Blackett)的带领下,成立了由物理学家、数学家、生理学家、天文学家、军官等人组成的研究小组。他们成功地研究了飞机出击的时间和队形、商船护舰的规模、水雷的布置、对深水潜艇的袭击以及战略轰炸等大量实战问题,并取得了异常显著的效果。美国也成立了类似的小组,这些小组在战争期间解决了许多战略战术问题。二战以后,许多从事这项活动的专家转到了非军事部门,使这项研究有了新的发展,运筹学就是在这样的背景下逐步形成和发展起来的。

运筹学一般通过模型化的方法,将一个已确定研究范围的现实问题,按提出的预期目标,将现实问题中的主要因素及各种限制条件之间的因果关系、逻辑关系建立数学模型,通过模型求解来寻求最优方案,为决策提供依据。运筹学为系统工程解决复杂问题提供了一系列的优化技术与实现手段。迄今为止,运筹学中的许多内容仍然是系统工程工作者所关注的重要方面。运筹学的主要分支有:线性规划、非线性规划、整数规划、动态规划、排队论、存储论、网络与图论、对策论(博弈)等。

1.3.3 控制论

控制论是 20 世纪 40 年代产生的对人类社会影响最广、最深远的科学新分支,被视为人类社会的最大成就之一。第二次世界大战期间,由于自动化技术、导弹和电子计算机的发展,要求自然科学在理论上作出科学的总结和研究。在这种背景下,以美国数学家维纳(N. Wiener)为首的一批科学家,通过总结前人的经验,针对充满矛盾性、不定性和关联性的不完备的客观世界,在深刻揭示了信息、反馈、通信、控制、系统、平衡、因果、稳定、有序、组织等一系列科学概念的本质联系和普遍性的基础上，创立了控制论。

控制论是研究生命系统和非生命系统以及与两者均有关的社会经济系统内部通信、控制、调节、组织、平衡、稳定、计算及其周围环境相互作用或反馈的各种自然科学和社会科学的统一的科学方法论。作为一门具有普遍性的边缘性学科，控制论使人们第一次有可能把物质世界和非物质世界、有生命和无生命过程的动态并联作为整体加以研究。控制论自从产生以来，以其强大的生命力活跃于自然科学和社会科学的各个领域，在工程技术、生物、经济、社会等需要和可能进行控制的领域得到了广泛的应用。从 20 世纪 60 年代开始，控制论开始被经济学家大量引入经济领域，并在微观经济和宏观经济的管理和控制方面发挥着重要作用，在此基础上发展起来的经济控制论成为经济系统分析与控制的新工具。

控制论的基本和核心概念是反馈，控制系统分为闭环控制系统和开环控制系统两大类。控制论研究的重点是具有反馈回路的闭环控制系统，反馈分为正反馈和负反馈。正反馈的作用是用来放大某种作用或效应，使有直接关联的系统相互促进，快速发展；负反馈的作用是保持系统行为的稳定，使系统的行为方向趋向一个目标。系统稳定机制中的基本机制是负反馈。因此，一切有目的的行为都可以看作是需要反馈的行为。

1.3.4 信息论

最早指出有关信息问题的学者是奈奎斯特(Nyquist)等人，他们于 1924 年指出，信息的传输速率与信道的频带宽度有比例关系。1928 年，哈特莱(Hartley)进一步推广了前人的工作，他在《信息的传输》一文中首次提出了信息量的概念。1948 年，美国应用数学家香农(C.E.Shannon)发表了《通信的数学理论》一文，标志着信息理论形成了一门较为完整的理论。

信息论是用数学方法研究信息的计量、传递、变换和储存的一门学科。作为信息论的基础，香农信息论主要从随机变量出发来研究信息特性和信息传递的一般规律，着重研究信源、信道、信宿以及编码问题。如信源包含多少信息？怎样定量地描述它？信宿能否有效地获得发信端发出的信息？信道容量有多大？即信道最多能传送多少信息？怎样编码才能使信源的信息充分表达、信道容量充分利用？这些编码、译码的方法是否存在？等等。

近半个多世纪是信息理论快速发展的时期，不仅信源、信道、编码等方面的基础性研究不断深化，而且也促进了语言学、社会学、物理学、心理学、生物学、计算机科学、控制论、系统科学等学科的发展。并且，这些学科与信息理论相互渗透，不仅丰富了信息理论的内容，同时也推进了许多新兴学科的产生与发展。

信息论为系统工程对系统的研究提供了新的有效方法，信息已成为系统控制及与外界相互作用、交换的重要资源。可通过对信息的获取、传递、加工、处理，对系统的运动进行研究。利用信息方法，将对信息的运动分析作为处理系统有关问题的基础。

1.3.5 突变论

突变论既是系统学的一个分支，也是数学的一个分支，它以不连续现象为研究对象。突变现象广泛地存在于自然、社会、经济和生活中。如物理学中的相变、地震的爆发与火山的喷发、楼房的突然倒塌、经济危机、政治危机、生物体的病变等都是突然发生的现象。由于这些突变都是事先难以预料和把握的，它们的发生对于原系统及环境的影响是巨大的，可能带来灾难性的后果，也可能带来积极的后果。

法国数学家托姆（R. Thom）于 1965 年创立了突变论。这开拓了人们认识系统突变现象的眼界，使人们科学地预测和恰当地处理突变现象的可能性大大增加。

突变论认为，突变现象的本质是系统从一种稳定状态到另一种稳定状态的跃迁。因此，系统的结构稳定性是突变理论的研究重点。突变论以稳定性理论为基础，通过对系统稳定性的研究，给出稳定态与非稳定态、渐变与突变的特征及相互关系，找出突变现象的特点和规律。在航天系统工程的型号研制生产中大量存在着结构件的突然崩裂，元器件的突然失效或试验的偶然失效。通过这些事件的研究，可以探寻其关联关系，找出控制其正常运行的规律。

1.3.6 协同论

协同学是研究一个系统如何自发地形成有序结构的。德国物理学家哈肯(H·Haken)20 世纪 60 年代在研究激光理论的基础上,于 1969 年提出了协同学的微观理论,1977 年发表了专著《协同学导论》,1983 年发表了《高等协同学》。作为系统理论新的分支,协同学(Synergetics)是关于“协同工作”的学问。它研究系统的各个部分如何通过非线性的相互作用产生协同现象和相干效应,形成系统在空间上、时间上或功能上的有序结构。例如,在外界能量达到一定的阈值时,激光器就会发出相位和方向都整齐一致的单色光(激光),激光的产生就是一种典型的协同行为。

协同学认为,协同导致有序,在影响系统行为的若干个变量中,大多数变量在系统受到干扰而波动时,总是力图使系统回到原先的稳定状态,它们起一种阻尼作用,且衰减很快,对系统发生结构性转变的过程没有大的影响,这类变量被称为快弛豫变量或快变量。而另外一些为数极少(往往只有一个或几个)的变量,则在系统受干扰而波动时,使系统偏离稳态,走向非稳态,或进入新的稳态,它们始终左右着演化的进程,决定着演化结果的结构与功能,被称为慢弛豫变量或慢变量。哈肯定义慢变量为表示系统有序程度的序参量。如果系统处于完全无序的混沌状态时,其序参量为零;在接近临界区时,序参量迅速增大;进入临界区,序参量达到最大值。它主导着系统出现新的有序结构。

哈肯认为,快变量服从慢变量,序参量支配着子系统的行为。这个观点也被称为“伺服原理”或“支配原理”。当系统处于阈值时,系统的有序结构形成的速度很快,外界对系统的影响很小,可予以忽略。多个序参量之间既合作又竞争,在不同的外部条件下,竞争与合作的结果是,形成了一种有序结构。

涨落是系统形成有序结构的内部决定性因素。通常,系统随机涨落对系统的演化基本上不起作用,但在临界区涨落得到放大,触发系统形成新的有序结构,进入新的稳定平衡状态。

协同学自产生以来,在物理学、化学、生物学、经济学、管理学和社会学等学科领域，得到了广泛应用，并推动着系统工程的发展。

1.3.7 耗散结构理论

耗散结构理论是由比利时布鲁塞尔学派普利高津（I.Prigogine）教授于1969年提出来的。他认为，一个远离平衡态的开放系统，通过不断地与外界环境交换物质和能量，在外界条件的变化达到一定的阈值时，由于非线性的复杂因素而出现涨落（系统的非稳定状态），系统会突然出现以新的方式组织起来的现象，产生新的质变，从原来混沌无序的状态，转变为在时空上或功能上的有序状态。普利高津把这种关于在远离平衡态情况下所形成的新的、稳定的有序结构的理论命名为"耗散结构理论"。普利高津还进一步证明了耗散结构形成的条件，他认为，要形成耗散结构，首先，系统必须是远离平衡态的开放系统，不断与外界大量交换能量与物质，来维持系统形成新的有序结构。其次，系统必须进入远离平衡态的非线性区域。最后，还要有涨落的触发。涨落是微小的波动或干扰。在线性区，涨落被消耗掉，几乎没有什么作用，而在远离平衡态的非线性区临界点附近，微小的随机小扰动会得到"放大"，成为一个"巨涨落"。触发系统跃迁到一个新的稳定的有序状态，从而形成耗散结构。

耗散结构理论不仅发展了经典热力学与统计物理学，而且还推进了理论生物学，为系统有序结构稳定性提供了严密的理论根据。

1.3.8 混沌系统理论

混沌（Chaos）是一种确定性系统内在的随机性。混沌现象广泛存在于自然界和社会经济系统中，人们很早就注意到混沌现象，如在激光系统中，当输入功率增大到使脉冲光失稳后，会出现混沌运动的紊光。在贝纳德流系统中，当上下温差增大到使滚筒式运动体制失稳后，就会出现混沌运动体制。尽管许多领域的专家学者从不同的角度研究过混沌现象，但直到20世纪70年代中期，混沌理论才初步建立。在科学史上，决定论与非决定论进行着长期的争论，混沌则把决定性系统内在随机性表象联系在一起，使人们从以前那些令人迷惑的甚至望而生畏的混沌现象中，发现了许多出乎意料的规律性，为系统科学特别是系统演化提供了新的思想和方法，有着重要的理论意义和实用价值。

混沌是由确定性的发展过程中产生出来的一种随机运动。它不是简单的无序状态。在“杂乱无章”运动中又包含普适常数，包含自相似性。在应用科学领域，最早从确定性方程中发现混沌现象的是美国麻省理工学院的气象学家劳伦兹(E. N. Lorenz)。他在1963年偶然发现：在一特定的方程组中，极小的误差可能导致灾难性的后果，其原因在于“蝴蝶效应”，即有些系统极端依赖于初始条件的敏感性。通过对混沌现象的研究，深化了人们对系统及其演化方式的认识。有序与无序不是绝对的，是可以互补的，混沌也是一种“正常”状态。任何系统，当外界的控制不断改变时，大多会经历从无序到有序，再从有序到混沌的过程，即出现无序(混沌)到有序再到无序的循环。

1.4 系统工程对我国航天事业发展的重要作用

中国成功研制“两弹一星”最重要的经验之一，是“广泛运用了系统工程、并行工程和矩阵式管理等现代管理理论与方法”。

20世纪50年代末，以钱学森为代表的一批科学家领导航天系统推行和实践系统工程的理论和方法，按系统工程的原理，建立相应的组织体系和结构；20世纪60年代初，华罗庚教授普及推广“统筹方法”(现在通常称“网络计划技术”)，我国航天型号研制中开始推广应用系统工程的方法和技术。

航天型号规模庞大、系统复杂、技术难度大、质量可靠性和安全性要求高、极具风险性。航天系统工程研究如何从系统思维出发，将人、财、物、技术、信息和知识等诸多要素结合起来，发挥综合优势、整体优势和智能优势，实现技术系统全局优化和管理系统全局统筹，又主动防范和化解风险；研究如何把比较笼统的初始研制要求，逐步分解并落实到研制任务技术系统和管理系统参与者的具体职能工作中，能够成为一个全面保证工程目标实现的实际系统。具体研究内容表现在如何建立科学、严密的决策体系，以专项管理为核心的组织体系，以总体设计为龙头的技术体系，综合统筹的计划体系，系统规范的质量体系，坚持创新、创造、创业的人才资源体系等既相对独立、又相互制衡的若干体系。

依靠广大科技人员的创造性劳动和系统工程方法，中国航天事业取得了举世瞩目的成就：火箭、卫星、导弹已形成系列；载人航天已实现多人多天太空飞行；基本建立起了相对配套的研究、设计、生产和试验体系；培育了独特的航天文化；造就了一支素质好、技术水平高的航天技术和管理队伍。特别值得肯定的是，中国航天工程领域根据系统工程理论与方法，建立了科学、合理、高效的组织管理系统，实施了科学的计划进度管理、质量管理和风险管理。这些理论与方法的应用和实践，对推动我国航天事业的快速发展、实现航天事业的可持续发展发挥了重要作用，为我国的国防现代化和国民经济建设作出了突出贡献。

1. 型号研制的组织管理系统为航天事业的可持续发展提供了组织保证

我国航天科技工业在系统工程理论思想的指导下，建立了一套科学合理、行之有效的组织、指挥和管理系统，其特点主要表现在以下3个方面。

(1) 建立以型号类别为主导的型号研究院

研究院集系统总体、分系统、专业研究设计及一定的研制生产能力于一体，使航天型号在专业划分上更趋合理，在组织指挥上实现了系统组织和管理，在受到外部技术经济封锁的情况下，能有效组织、推动航天科学技术的发展和创新，走出了一条“特别能吃苦、特别能战斗、特别能攻关、特别能奉献”的航天之路。

(2) 建立型号的“两条指挥线”

在型号研制一开始，即任命以总指挥为首的型号指挥系统和以总设计师为首的设计师系统。型号指挥系统由总指挥、副总指挥、指挥和调度人员组成。型号总指挥对型号的研制负全责，全权指挥调度型号的人、财、物并确保研制计划、进度、质量和各项技术、经济指标的实现；总设计师是型号的技术总负责人，向总指挥负责。设计师系统由总设计师，分管主要分系统的副总设计师，主管分系统的主任设计师、副主任设计师，负责小系统或设备单机的主管设计师以及专业技术方面(可靠性、标准化等方面)的设计师组成。总设计师指挥技术人员完成各自的技术工作,对型号的技术方案的正确性、质量及可靠性等技术性能负责。“两条指挥线”为了一个共同的目标,按照系统工程的要求,相互协调,互相支持,密切配合,既有分工,又有协作,组成一个严密而完整的研制工作团队。实践证明,这是一个有效的组织管理形式,也是系统工程指导下的组织体系的实践与提高,对于推动航天系统型号的研制和发展,推动我国航天事业的发展起到了重要作用。

(3) 设立总体设计部

总体设计部在我国航天事业的建设与发展、在系统工程的运用与实践中起到了极其重要的作用。总体设计部是型号系统工程的龙头,是型号总设计师的依托和主要办事机构。它的任务是在总设计师指挥下组织型号技术方案的论证,根据型号系统的总体方案和技术要求,对系统进行功能分解,按照系统层次性的原则逐级明确技术要求,提出型号研制队伍的技术意见。根据各分系统的研究设计情况,反复进行迭代和集成,最终形成较为理想(较优)的方案。

总体设计部根据系统整体的需要,主动协调各分系统之间的关系,不断解决设计、试验、研制中暴露出来的问题和矛盾,采取现代化的手段进行设计、试验、模拟和仿真,完善系统设计和研制,使系统达到协调和优化,满足部队和国家的要求。

2. 型号系统的矩阵式管理为航天事业的可持续发展提供了技术保障

根据系统工程原理建立起来的型号研究院和两总系统,为型号系统的研制、生产、试验等工作在管理上形成了矩阵式的管理网络。在此管理网络中,计划、科研、质量等各专业管理领域分别依据航天型号研制特点,不断进行各专业管理创新,实施科学的计划进度管理、质量管理和风险管理;同时,型号系统管理网络,依据系统工程原理进行型号系统管理的整体集成创新。这些技术创新、机制创新,尤其是管理创新,为实现航天事业的可持续发展提供了技术保障。

航天型号系统在正常运行情况下,两总对型号研制的计划、进度实施有效的指挥和调度。当出现技术、质量问题时,研究院除支持两总的工作外,则调动全院的技术和力量,集智攻关,解决问题,对出现的技术、进度和经济风险,倾力协调和避免。管理机关运用现代化的管理手段，建立健全信息系统和各项技术基础，调动各方面力量，不断推动技术进步，保证型号研制手段和条件的不断完善和提高。

此外，系统集成、整体优化、系统协调、环境适应、创新发展、风险管理、优化保证等系统工程方法在我国航天事业发展中，也都发挥了重要作用。

系统工程对我国航天事业的发展发挥了重要作用。同时，系统工程的理论和方法也在航天型号研制实践中进一步得到了丰富和发展。

因此，有必要总结并继承以往 50 年来在航天型号系统工程管理中的有效经验，并融合现代系统工程的理论和方法，进一步完善航天型号研制的管理。

参 考 文 献

[1] 佟东生.系统工程的理论与方法概论[M].北京:国防工业出版社,2005:35.

[2] 周德群.系统工程概论[M].北京:科学出版社,2005.

[3] 钱学森,等.论系统工程[M].增订本.长沙:湖南科学技术出版社,1988.

[4] 贝塔朗菲.一般系统论:基础、发展与应用[M].林康义,魏宏森,等,译.北京:清华大学出版社,1987.

[5] 汪应洛.系统工程[M].北京:机械工业出版社,2004.

[6] 李宝山.管理系统工程[M].北京:中国人民大学出版社,2004.

[7] 成思危.复杂科学与系统工程[J].管理科学学报,1999,2(2):1-7.

[8] 顾基发.系统工程方法论的演变:复杂巨系统理论、方法、应用[M].北京:科学技术文献出版社,1994.

[9] 成思危.复杂科学、系统工程与管理[M].上海:上海科技教育出版社,2000.

[10] 朱志昌.当代西方系统运动:系统科学与工程研究[M].上海:上海科技教育出版社,2000.

[11] Checkland P B. Systems Thinking: Systems Practice[R]. Wiley, 1981.

[12] 梁军.系统工程导论[M].北京:化学工业出版社,2005.

[13] Department of Defense, System Management College. System Engineering Fundamentals [R]. 2001.

第 2 章　航天系统工程管理概述

航天型号工程主要有导弹武器系统、运载火箭系统、卫星工程系统、空间实验室、空间站工程系统以及天地往返系统等。上述每一个类型的每一个型号工程项目的研制生产，都是一个复杂且庞大的系统工程。

航天型号工程规模大，需要多学科、多专业的有机结合。它具有技术复杂、综合性强、协作面广、研制周期长、质量和可靠性要求高等特征。从型号研制生产的全过程来看，它有两个并行的基本过程，一是型号研制生产的技术优化过程；二是对型号研制生产实施系统管理的优化过程。

2.1　航天型号简介

航天型号系统可按不同的方法进行分类，此处简单地依据型号产品的功能划分为导弹武器系统、运载火箭系统、卫星工程系统等，并把导弹武器系统细分为弹道导弹、飞航导弹、防空导弹武器系统等型号。

2.1.1　弹道导弹武器系统[1]

典型的弹道导弹的概念是：弹道导弹是进攻性导弹武器的一种，它除了有动力飞行并进行制导的主动段弹道外，全部沿着只受地球引力和空气动力作用的近似椭圆弹道飞行；弹道导弹的弹道包括主动段（动力飞行段）、自由飞行段和再入段。但在实际中，存在着某些例外的情况。有的弹道导弹为了提高突防能力，在飞行过程中，实现轨道平面的改变，还有的弹道导弹为了有效地攻击目标和提高突防能力，弹头在再入段可以实现无动力或动力机动飞行。

1. 弹道导弹分类

按弹道导弹具体的作战任务、射程、弹头装药、主发动机推进剂和级数的不同有如下几种分类方法。

1) 按照作战任务分为战略弹道导弹和战术弹道导弹。战略弹道导弹是一种威慑力量,用于毁伤敌方的重要战略目标。它包括中远程弹道导弹和洲际弹道导弹,通常都带有核弹头。战术弹道导弹一般指中近程装有常规弹头的地地弹道导弹,主要用于毁伤敌方纵深内直接参与战争的战役战术目标和重要政治经济类目标。

2) 按射程远近分为近程(1000 km 以内)、中程(1000~5000 km)、远程(5000~8000 km)和洲际(大于 8000 km)弹道导弹。

3) 按弹头装药分为核导弹和常规导弹。

4) 按主发动机推进剂分为液体弹道导弹和固体弹道导弹。目前,固体弹道导弹正逐渐取代液体弹道导弹。

5) 按级数分为单级和多级弹道导弹。

2. 弹道导弹武器系统组成

单独的弹道导弹不能完成作战任务,必须有其他系统与之相配合,并通过一定的联系方式,构成一个完整的整体,才能完成作战使命。这个完整的整体就称作弹道导弹武器系统。弹道导弹武器系统由导弹系统,地面测试发控系统,运输转载系统,技术支持系统,瞄准系统,遥、外测系统等组成。导弹系统通常由弹头、弹体结构、动力系统、控制系统、初始对准系统等组成,有的导弹还装有战斗遥、外测系统。用于飞行试验的导弹另外还装有遥测系统、外测系统和安全控制系统。弹道导弹武器系统的组成如图 2-1 所示。

2.1.2 飞航(巡航)导弹武器系统[2]

飞航导弹是有翼导弹的一种,它主要依靠翼面所产生的空气动力来支持自身质量并控制其飞行轨迹,大部分时间处于平飞状态。飞航导弹用于攻击各类水面舰艇和各种地面目标,完成各种战术使命,其中巡航导弹常用于攻击敌方纵深有价值的目标。

1. 飞航导弹分类

飞航导弹按其发射平台和攻击的目标不同分为地对地、岸对舰、空对舰、空对地、舰(潜)对舰、舰(潜)对地、反辐射导弹、反坦克导弹

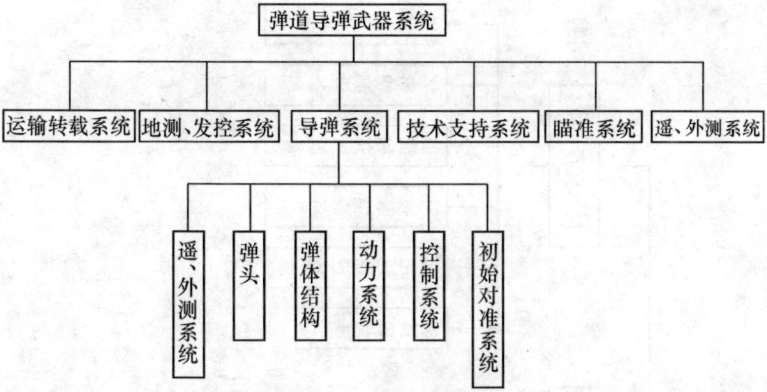

图 2－1　弹道导弹武器系统组成

等。

2．飞航导弹武器系统组成

与弹道导弹同理,单独的飞航导弹不能完成作战任务，一般由飞航导弹、指挥控制系统(简称指控系统)、任务规划系统和技术支援系统等分系统构成飞航导弹武器系统,如图 2－2 所示。

2.1.3　防空导弹武器系统

防空导弹是以拦截空中目标为主要对象的导弹武器系统。

1．防空导弹分类

根据其具体的作战使命、发射平台、运用模式和保卫对象的不同,可进行如下分类。

1）按发射平台分为地空导弹武器系统、舰空导弹武器系统、空空导弹武器系统。

2）按作战空域分为中远程防空导弹武器系统、中近程防空导弹武器系统、末端防御导弹武器系统和高层区域反导武器系统等。

3）按作战使命分为区域防空导弹武器系统,点防御防空导弹武器系统。

2．防空导弹武器系统组成

防空导弹武器系统是一个由大量技术装备组成的复杂系统,根据

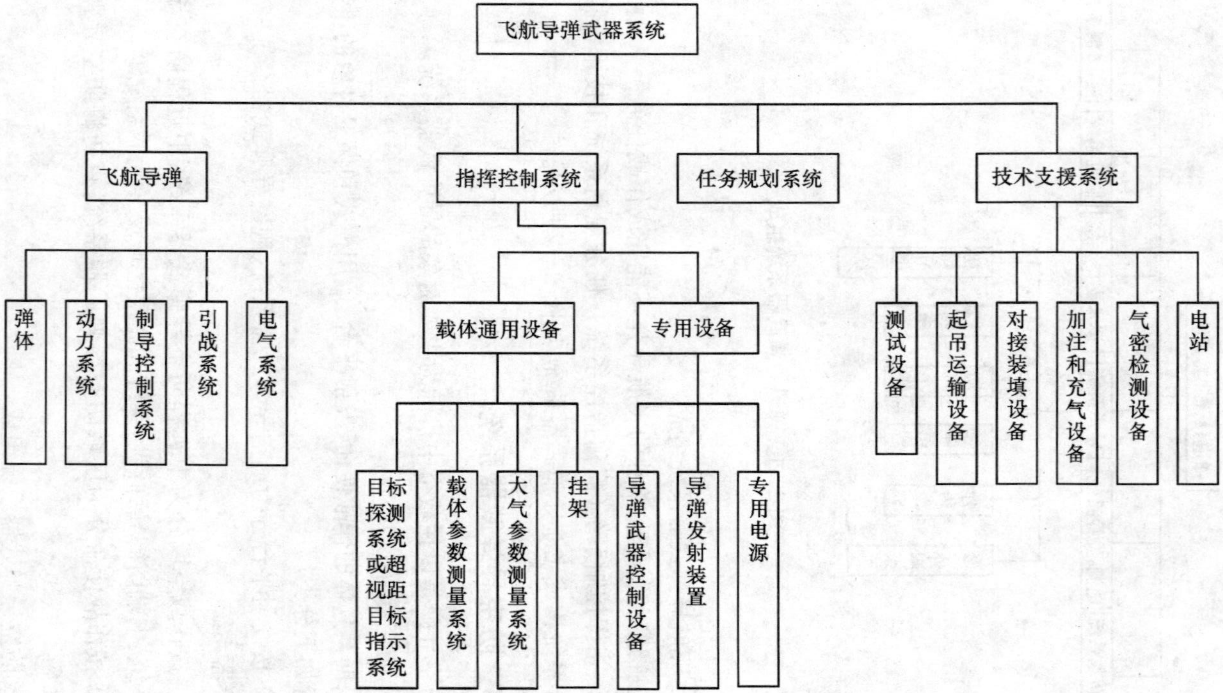

图 2-2 飞航导弹武器系统组成

不同的准则和方法,可以将防空导弹武器系统划分成不同的组成部分。例如,根据武器系统组成部分在作战、使用任务中所承担使命的不同,可将防空导弹武器系统的所属装备划分为作战装备和支援装备。

作战装备是防空导弹武器系统中直接参加从目标搜索、跟踪制导到拦截摧毁的作战全过程的配套装备。

支援装备配属作战装备,以完成对作战装备的技战术支援、后勤保障训练任务。通常支援装备又分为配属于作战分队的直接支援装备,配置在维修基地的间接支援装备。现代防空导弹武器系统的作战装备和支援装备的配备是根据武器系统的作战使用、维修和训练模式而决定的。地空导弹武器系统的组成如图 2－3 所示。

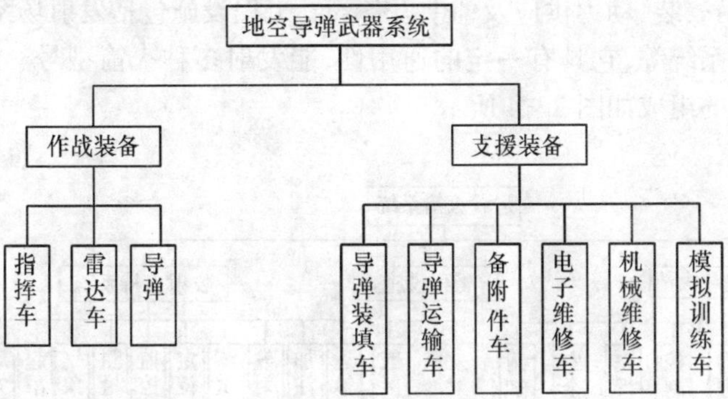

图 2－3　地空导弹武器系统组成

2.1.4　运载火箭系统

运载火箭是将人造卫星、载人飞船、航天站或空间探测器等特定的载荷送入预定轨道或目的地的动力系统的组合。运载火箭一般由 2～4 级火箭组成，每一级都包括箭体结构、推进系统和飞行控制系统。

1. 运载火箭分类

1) 按主发动机推进剂分,目前常用的主要有以液体火箭发动机为主的液体运载火箭和以固体火箭发动机为主的固体运载火箭。

2）按推力和有效载荷，又有大型运载火箭和小型运载火箭之分。目前大型运载火箭的发射都要依托功能完善的发射场进行。近年来，紧急情况不断发生，对小型可机动快速发射的运载火箭提出了新的需要和要求。

2．运载火箭系统组成

独立的运载火箭不能完成发射任务，还需要有一整套发射支持系统及工程设施来配合。火箭运载系统即是指运载火箭、发射支持系统和工程设施的总称。

运载火箭一般由以下分系统组成：箭体结构、推进系统、控制系统、飞行测量系统、安全系统、附加系统等。发射支持系统包括以下分系统：运输、加注、发射、测试发控、定位定向、监控指挥、测量、气象保障、起吊安装、动力供应及辅助设备等。工程设施包括发射场系统、航区测控系统等，它具有一定的通用性，能发射多种火箭型号。运载火箭系统的组成如图2－4所示。

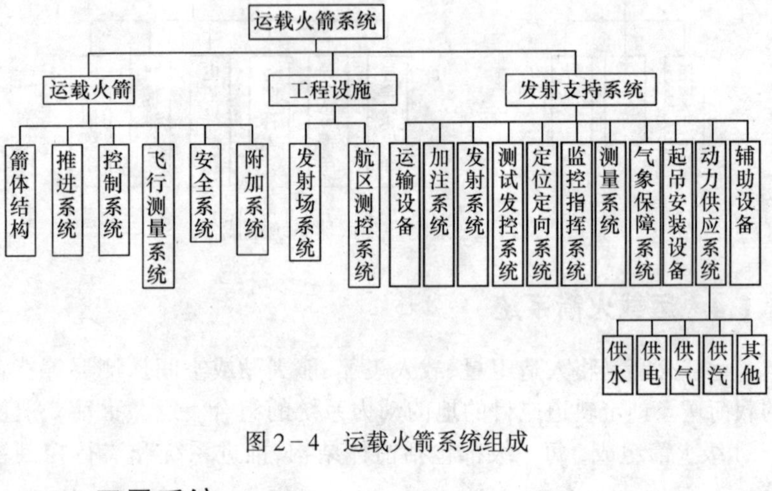

图2－4　运载火箭系统组成

2.1.5　卫星系统

人造地球卫星是环绕地球在空间轨道上运行的无人航天器，简称人造卫星或卫星。卫星已经成为现代科技和日常生活中不可缺少的部分。

1. 卫星分类

1）按其功能可分为通信卫星、导航卫星、气象卫星、科学实验卫星、侦察卫星等；

2）按其轨道可分为近地轨道卫星、高轨道卫星；

3）按其与地球自转公转关系可分为绕地轨道卫星、定点卫星、太阳同步轨道卫星、地球同步轨道卫星等。

2. 卫星系统组成

卫星是一个复杂系统，其工作环境恶劣且多变，可靠性要求高。卫星由若干分系统（或系统）组成，按其基本功能，可分为有效载荷和保障系统两大类。有效载荷是直接执行特定任务的分系统，保障系统是为有效载荷正常工作提供支持和保证的各分系统的总称。因此，卫星通常可划分为有效载荷和卫星平台两大部分，现已可以在一种卫星平台的基础上，发展为卫星公用平台。卫星公用平台是指根据不同的航天任务，进行局部适应性修改，可支持多种有效载荷的卫星平台。卫星系统的组成如图2－5所示。

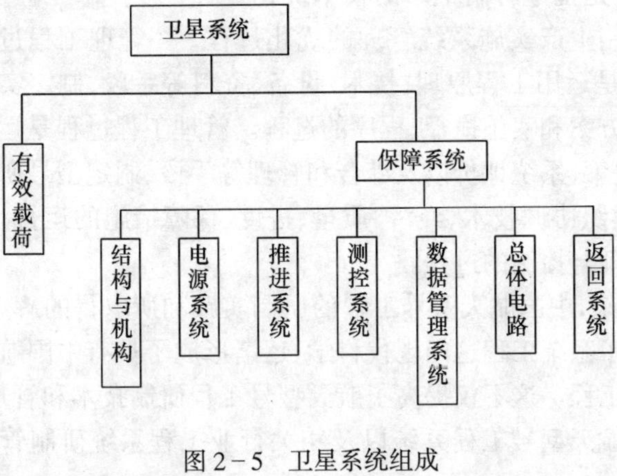

图2－5　卫星系统组成

2.2 航天系统工程

从仿制导弹武器到研制运载火箭，从发射人造卫星到实现载人航天，从进行绕地飞行到实施探月工程，中国航天人走出了一条具有中国特色的发展航天事业的道路，实现了中国人几千年的飞天梦想。航天工程需要高度综合性的科学技术，需要投入大量的人力、物力，建设庞大的科研、试制和试验基础设施。因此，面对众多的航天型号和庞大复杂的工程系统，必须使用科学的方法和先进的技术进行组织管理。中国航天科技工业经过实践、总结，建立了一套比较完整的管理体系，掌握了系统的管理技术与方法。这些体系、技术与方法包括：研究院和型号总体部的体制、型号行政指挥系统和设计师系统运行机制、不断完善的型号研制程序、计划控制与网络技术、指挥调度与协调技术、质量管理监督与控制措施、经费预测与控制办法以及航天企业文化、思想政治保证系统等，把航天工程和系统工程方法相融合，逐步形成了独具特色的中国航天系统工程。

2.2.1 航天系统工程的含义[3]

航天型号工程从型号研制生产的全过程来看，包括两个并行的基本过程：一是型号研制生产的技术优化过程——技术工程过程；一是对型号研制生产实施系统管理的优化过程——管理工程过程。技术工程过程是运用工程原理、技术、设备、资料等手段，制定实现工程目标的整体方案和实施途径、程序的过程。管理工程过程是运用系统分析、系统决策、系统评价以及综合和管理等手段，制定型号研制整体实施计划，组织协调技术、经济、质量、进度、保障措施的运行，对技术工程实施管理与控制的过程。

50 年来，中国航天型号工程的研制实践和所取得的辉煌成果，充实和发展了系统工程这门现代科学，逐渐形成了具有中国航天特色的航天系统工程。这不仅提高了航天型号工程研制技术和管理水平，而且促进了航天型号工程系统以及相关行业工程系统研制管理水平的提高。

概括地说，航天系统工程是利用现代科学技术的一切成果，以系统全生命周期的综合效果为目标，对航天工程项目的全过程进行合理筹划、设计、试验、实施和控制的一门专业工程技术和组织管理技术。

吸收其他专业领域系统工程含义的观点，结合中国航天工程开发、运用系统工程的成果,可将航天系统工程的含义描述为:航天系统工程是以航天工程项目开发为研究对象,以系统科学等相关理论为基础,采用系统科学的研究方法,以现代数学和电子计算机为手段,充分利用先进的科学、技术成果,为了发挥系统整体的最佳功能和实现预定目标,达到最优设计、规划、决策、实施和控制的一门专业工程技术和组织管理技术。

与航天型号研制包括两个并行的基本过程相匹配,航天系统工程也包含技术过程和管理过程两个方面:技术过程是指每一个型号工程项目的本体就是一个复杂而庞大的系统,其技术性能的实现和技术状态的确定都必须是多种学科、多种技术的有机结合;管理过程是指每一个型号工程项目开发的组织和管理都是对完整系统的组织和管理,管理过程在航天科技工业的发展中占有十分重要的地位。

航天系统工程的任务是把航天工程技术和边缘科学的理论方法,用于庞大而复杂的航天型号工程系统全过程,达到信息、能量和物质的综合平衡,使系统达到最佳的性能指标、经济指标和实施运行,以取得系统总体的最佳目标。

2.2.2 航天系统工程的特点

航天系统工程的研究对象、组成形式、环境条件等,与一般系统工程相比,有其独特的系统工程特点。在决策上,它属于国家决策的系统工程;在科学研究上,它属于科学技术一体化的大科研系统工程;在产业上,它属于军民结合型、技工贸一体化的高新技术产业系统工程。

1. 由国家决策的系统工程

国家决策是指由国家最高领导集体对航天发展政策、技术发展规划及大型航天工程进行决策。航天技术及其应用对国家的政治地位、经济建设、国家安全、科技发展至关重要。因此,必须结合我国国情和现行的国家体制,给予航天事业以应有的地位,明确规定中国航天对发展科技和增强综合国力的重要性;规定中国航天事业的管理体制;制定空间科学、民用航天、军用航天、参与航天国际合作等方面的长远发展政策和措施等。在此基础上,把航天的定义、任务、发展方向、近期及中远期发展规划具体化。同时,所有航天领域的大型项目的决策都由国家最高领导集体做出。

2. 科学技术一体化的大科研系统工程

航天系统工程在其研究、设计、试验和生产各方面都有其自身的特点。

(1) 大科学系统工程

航天型号的研制所涉及的学科多、技术门类广，在某种程度上反映了国家基础工业和高技术的发展水平，具有大科学研究的多学科性、多结构性、多分支性和综合性特征，集应用研究、工程开发研究于一体，属于大科学系统工程。

(2) 科研生产一体化

航天型号研制生产是一个完整的系统工程过程，这个过程包括从概念研究开始，经过系统可行性研究、方案论证和设计、工程设计、研制及试验、设计定型等一系列研制工作，到试生产 、小批生产、生产使用等全部阶段。具有集研究、开发、设计、试验、生产于一体的特点。

(3) 系列化系统设计思想

航天型号系统是最先按照系统工程的理论和思想对导弹武器、运载火箭、卫星等系统方案和组成结构统筹考虑和设计的系统之一。从系统方案论证开始就考虑了其基本型和后续改进型号之间的系列化发展问题。按照型号发展通用化、系列化、模块化的“三化”原则，将其设计成一个既可以满足多种任务需要，又不断加以改进和提高的航天产品系列。

(4) 试验—鉴定目标综合化

航天型号系统设计通用化、系列化、模块化的结果，促使航天产品的研制试验和鉴定验收试验，在试验项目、程序、内容、方法诸方面均不断发生着变化。主要体现在突出重点以尽量减少重复试验的次数、大量采用现代化的先进技术和方法(如现代计算机仿真技术)等方面。

3. 军民结合型高新技术产业系统工程

(1) 航天技术是军民两用技术

随着国防科技工业“竞争、激励、评价和监督”四个机制的建立，在市场经济条件下，航天型号和导弹武器系统科研生产工作实行全国性大协作，承担型号研制任务的单位大部分将是民用企事业单位。至此，我国航天科技工业的“小核心、大协作”格局已初步形成。从系统工程和发展战略角度来看，发展战略的整体发生了结构性变化。航天科技工业在承担国防现代化任务的同时，也要积极参与国家经济建设，从以往的单一性、一元化向多样性、体系化、层次化方向转化，正在逐步发展成为军民结合的高新技术产业系统工程。

(2) 航天技术带动了基础工业的发展

航天技术是一门高度综合性的技术，集中了当代基础科学和技术科学的最新成果。近代力学、数学、物理学、化学、天文学、宇航力学、空气动力学、大地测量学等科学为它的发展奠定了理论基础；机械、电子、冶金、化工等基础工业为它提供了研制生产手段。同时，航天高科技的发展要求也推动了相关科学和基础工业的发展。

(3) 航天技术带动了高新技术的发展

在“需求牵引”下，航天技术大大地推动了信息技术（如遥感和遥测技术、卫星通信技术、计算机技术）等高新技术的迅速发展。特别是喷气推进技术、无线电通信技术、自动控制技术、电子计算机技术、轨道控制技术、温度控制技术、真空技术、低温技术等伴随航天技术的发展而得到迅速发展。

(4) 航天技术的发展带动了新材料、新工艺的开发和应用

航天飞行器独特的功能要求和严酷的环境条件（如高超声速穿越稠密大气层、超重和失重条件、真空和低温条件、强烈的振动和气动加热、宇宙电磁辐射等）对航天工业的材料、工艺提出了很高要求，推动了一系列新材料、新工艺的开发和应用。例如：耐高温合金、高比强度铝镁合金、钛合金、不锈钢等金属材料，高比强度、高韧性的新型复合材料，新型的烧蚀材料、结构材料等。

2.3 航天系统工程管理

2.3.1 管理

1. 管理的定义[4]

许多著名的管理学家给管理下过定义，20 世纪前半叶被誉为“科

学管理之父”的泰勒,对管理的定义是:“确切地知道你要别人去干什么,并使他用最好的方法去干。”在泰勒看来,管理就是指挥他人用最好的工作方法去工作,所以他在其名著《科学管理原理》中就讨论和研究:第一,员工如何能寻找和掌握最好的工作方法以提高效率。第二,管理者如何激励员工努力地工作,以获得最大的工作业绩。

诺贝尔经济学奖获得者赫伯特·西蒙对管理概念曾有一句名言:“管理即制定决策。”在西蒙教授看来,管理者所作的一切工作归根结底是面对现实与未来、环境与员工不断地作出各种决策,使组织的一切可以不断地运行下去,直到获取满意的结果,实现令人满意的目标。

近百年来,世界管理学界认为对管理的定义有重大影响的是法国人亨利·法约尔(1841~1925年)。亨利·法约尔在其名著《工业管理和一般管理》中的管理概念,影响了整整一个世纪。法约尔认为,管理是所有的人类组织(不论是家庭、企业或政府)都有的一种活动,这种活动由5项要素组成:计划、组织、指挥、协调和控制。计划包括预测未来和拟订一个行动计划;组织包括建立一个从事活动的双重机构(人的机构和物的机构);指挥包括维持组织中人员的活动;协调就是把所有的活动和工作结合起来,使之统一并和谐;控制则注意使所有的事情都按照已定的计划和指挥来完成。法约尔的这一看法使人相信,从事计划、组织、指挥、协调和控制工作便是在进行管理,管理等同于计划、组织、指挥、协调和控制。

从上述的概念中可以肯定的是:一、管理是一种活动;二、管理这种活动由5项职能即计划、组织、指挥、协调和控制构成。然而,尽管确认了管理是一种活动,却没有给定是何种活动;而如果简单地把管理理解为计划、组织、指挥、协调和控制这些活动的总称的话,那么管理就成了一项项具体的活动而失去了统一的实质。管理应该有着比这种定义更广泛、更复杂的内涵与本质。

首先,管理作为一种活动,是在特定组织、特定时空环境下发生、发展直至结束的,从时间的角度来看管理是一个动态过程,因为时空环境并不是静止的。

其次,管理这种活动的发生是有目的的,绝非无目的的发生,与欲达成的目标相关,这一目标是组织的目标。

再次,达成组织目标是需要资源的,但世界上资源有限,供给有价格,这就使得达成组织目标有一个成本与收益的比较,有一个投入产出的衡量。

基于上述认识,可以给管理下一个统一的符合其实质的定义:管理是对组织的资源进行有效整合以达成组织既定目标与责任的动态创造性活动。计划、组织、指挥、协调和控制等行为活动是有效整合资源所必需的活动,故而它们可以归入管理的范畴之内,但它们又仅仅是帮助有效整合资源的部分手段或方式,因而它们本身并不等于管理,管理的核心在于对现实资源的有效整合。

2. 管理的特性

如前所述,管理是对组织的资源进行有效整合以达到组织既定目标与责任的动态创造性活动。这类活动与文化活动、科学活动和教育活动等相比,有其自身的特性。

(1) 动态性

管理活动的动态性主要表现在这类活动需要在变动的环境与组织本身中进行,需要消除资源配置过程中的各种不确定性。因此,管理不是停留在书本的理论,而是现实实践中的操作。书本的理论是管理实践的总结或理论的推演,它是静态的,学习管理需要学书本的理论,但更重要的是学会在不同状况下如何实施具体的管理活动。由于各个组织所处的客观环境与具体的工作环境不同,所从事的行业不同、目标不同,因而每个组织中资源配置也不同,这种不同就是动态特性的一种派生,因此不存在一个标准的处处成功的管理模式。根据这一特性,本书力图描述、总结中国特色的航天系统工程管理的内涵、范围、方法及其运用,以便使读者更好地了解、认识中国特色的航天系统工程管理的理论和方法。

(2) 科学性

管理具有动态特性并不意味着管理这类活动没有科学规律可循。尽管管理活动是动态的,但还是可将其分成两大类:一类是程序性活动,另一类是非程序性活动。所谓程序性活动就是指有章可循,照章运作便可取得预想效果的管理活动;所谓非程序性活动就是指无章可循,需要边运作边探讨的管理活动。这两类活动虽然不同,但又是可以转化的,管理的科学性在转化中得到了很好的体现。现实的程序性活动就是由以前非程序性活动转化而来的,这种转化的过程是人们对这类活动与管理对象规律性的科学总结。对新管理对象所采取的非程序性活动只能依据过去的科学结论进行,否则对这些对象的管理便失去了可靠性,而这本身也体现了管理的科学性。

(3) 艺术性[4]

由于管理对象分别处于不同环境、不同行业、不同的产出要求、不同的资源供给条件等状况下,因此,对每一具体管理对象的管理没有一个唯一的完全有章可循的模式,特别是对那些非程序性的、全新的管理对象,更是如此,从而造成了具体管理活动的成效与管理主体和管理技巧的发挥有很大的相关性。而管理主体对这种管理技巧的运用与发挥,体现了管理主体设计和操作管理活动的艺术性。由于实现资源有效配置的目标及可供选择的管理方式和手段多种多样,因此,在众多可选择的管理方式中选择一种合适的用于现实的管理之中,这也是管理主体进行管理的一种艺术性技能。艺术性更多地取决于人的天赋与直觉,是一种非理性的东西,管理有时就是一种非理性的活动,是管理者艺术表现的真正舞台。

(4) 创造性

管理的艺术性特征实际上已经与管理的另一个特征相关,这就是创造性。管理既然是一种动态活动,对每一个具体的管理对象就不可能只有唯一的一种完全有章可循的模式可以参照,那么欲达到既定的组织目标与责任,就需要有一定的创造性。管理活动既然是一种创造性的活动,就会存在风险,也会有成功与失败。而组织的管理者必须清楚:管理的创造性根植于动态性之中,它既与科学性和艺术性相关,也与管理者本身的能力和素质有关。因此,这一特性决定了管理工作必须不断加以创新。

(5) 经济性

资源配置是需要成本的,因此管理具有经济性。管理的经济性首先反映在资源配置的机会成本上,管理者选择一种资源配置方式是以放弃另一种资源配置方式为代价而取得的,这就有个机会成本的问题。其次,管理的经济性反映在管理方式、方法选择的成本比较上,因为在众多可帮助进行资源配置的方式、方法中，其成本不同，如何选择也就有个经济性的问题。再次，管理是对资源有效整合的过程，因此选择不同资源供给和配比，就有成本大小的问题。

上述管理的5个特性是相互关联的，是管理性质的5个不同方面的反映，其相互关系可用图2-6表示。

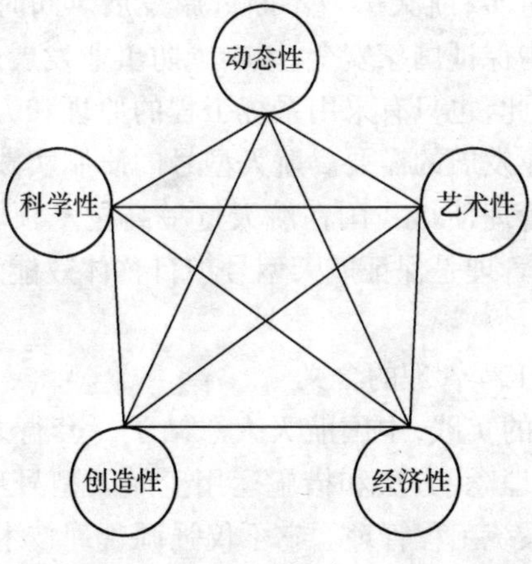

图2-6　管理特性之间的相互关系

2.3.2　航天系统工程管理的基本概念[3]

1. 航天系统工程管理的重要性

航天型号系统是一个由多种具有不同属性特征、相互关联、相互依存的子(分)系统组成的复杂的大型系统。其各子系统的研究、设计、制造、试验和应用都要求高度的统一；各承制单位要在统一的计划下，按统一的要求协调有序地工作，才能保证整个型号系统按时、保质、保量，按预定计划要求研制出来。而其发展计划的拟定、研制方案的论证和实施、经费的预算与分配、研制队伍的组建等都要采用系统工程的原理和方法，按照科学的系统分析、评价和决策程序进行。

航天型号系统还是多目标、多层次、不断发展变化的复杂大系统。要利用有限的资源和研制手段，研制出性能优良的型号产品，实现系统的整体效能和整体效益最佳，需要采用系统工程的观点、方法，实施有效的管理。

航天技术涉及结构、材料、动力、控制、制导、空气动力、遥感、遥测、通讯、激光、红外乃至人工智能等众多高技术领域,它已成为各国竞相发展的涉及国家安全的重点技术。在诸强林立的技术竞争中,必须采用系统工程的理论、方法进行科学管理,发挥整体优势,才能使我国航天技术不断进步,航天事业不断健康发展。同时,由于航天武器型号系统已经成为保证国家安全、影响国防事业发展的重要的决定性武器装备之一,因此,也只有采用系统工程的原理和方法,才能适应国家安全和国防事业发展的需要。航天型号的研制实践表明:成功地运用航天系统工程管理使得我国在航天这一高技术领域占有了一席之地;航天系统工程管理是保证航天型号项目整体效能和整体效益最佳的根本途径。

2. 航天系统工程管理的含义

经过 50 多年的实践,中国航天人总结了一套行之有效的管理程序和方法,这一套理念、方法和措施运用于航天型号项目时就形成了独具特色的航天系统工程管理。它不仅强调管理技术,同时也强调管理技术必须和航天型号项目相结合,这样才能产生巨大的技术、经济与社会效益。航天系统工程管理是基于型号全寿命周期的管理,是运用工程管理、行政管理等来协调、配置航天型号系统这个开放复杂大系统中各种相互联系、相互依存的资源,从而保证实现具体目标的活动;航天系统工程管理又是不断地从外界环境及内部的进展中获得信息,从而不断地作出评价和决策的一个过程。航天系统工程管理的实质就是一系列的决策,且由管理评价对前一阶段管理的实际情况进行修正和优化。航天系统工程管理的核心是对型号系统从方案可行性论证、方案设计、工程设计、工程研制到设计定型和生产装备的全过程,在技术、计划、组织、进度、质量和风险等方面进行的管理,可以概括为对人、财、物、技术、信息与知识六个基本要素来实施行政和工程两个大类的管理。

(1) 行政管理

对于一些关系国家发展的重大工程项目,由国家直接管理和决策,因此,在行政管理中是以行政正职为第一责任人,或以行政正职为核心进行决策,保证型号项目的顺利实施。行政总指挥对其主管的型号向直接行政领导集体负责。行政管理的结构如图2-7、图2-8所示。

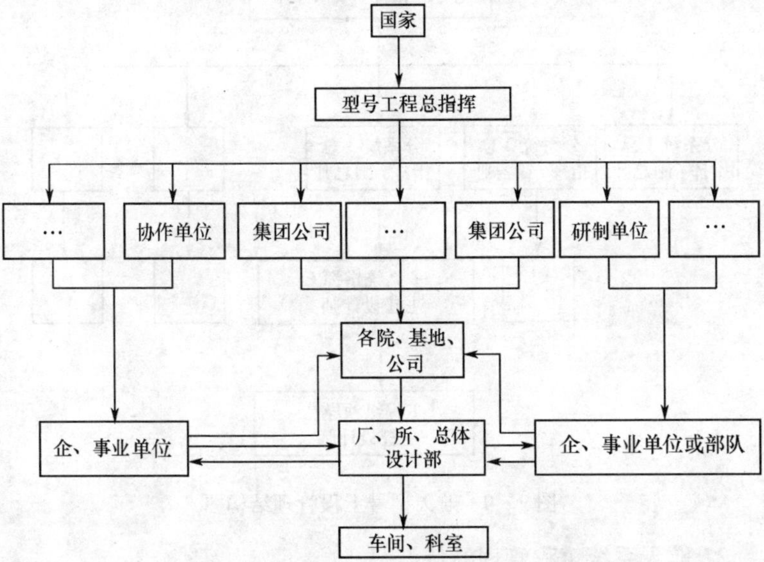

图2-7　国家重大航天型号行政管理结构图

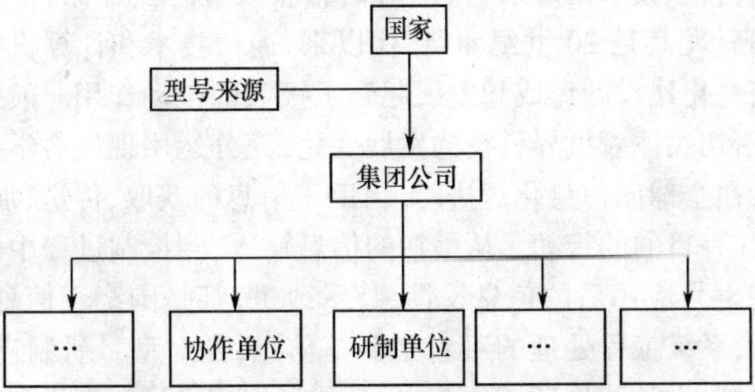

图2-8　一般航天型号行政管理结构图

(2) 工程管理

工程管理是指以技术为主导,通过行政指派的管理者对工程实施管理,以实现工程的目标。中国航天系统工程管理中的总设计师在型号总指挥的领导下，对型号技术负总责。航天型号工程管理的一般结构如图 2－9 所示。

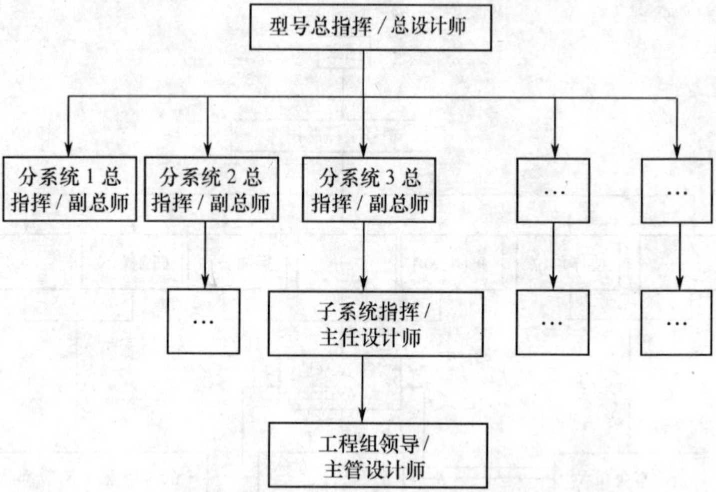

图 2－9　航天型号工程管理结构图

3. 航天系统工程管理的特点

(1) 信息化

随着科学技术的发展，人们对信息获取、加工、存储、传输的要求越来越高，尤其是 20 世纪 40 年代以来，通信技术和计算机技术的兴起，对信息化建设的形成和发展起到了极大的推动作用。航天系统工程管理密切关注着世界科技的发展变化，充分运用现代科学技术手段和成果，在全球向信息化迈进时，借助于信息的获取、传送、加工、存储而实现其有目的的行动。从最初的信息输入，到控制过程中的信息反馈，再到型号应用后的信息反馈、技术改进，都是围绕着信息进行的。因此航天系统工程处理的对象主要是信息，在对型号研制进行分析、研究、规划、设计和生产等环节中，必须运用信息论的理论和方法。该流程如图 2－10 所示。

(2) 管理的不断创新

传统的理论认为，一个系统的稳定状态是积极的、有建设性的。但实际经验告诉我们，如果系统进入平衡状态，并一直保持这种状态，

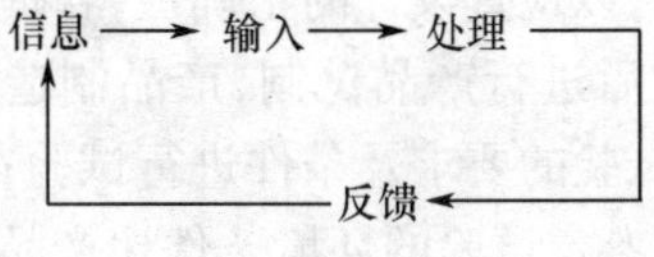

图 2-10　航天系统工程管理信息流程图

那么系统就会失去活力，不能适应内部和外部的变化，最终必定会走向灭亡；而不稳定性起着非常积极的革命性作用，只有旧结构失去稳定性，新结构才可能产生出来。航天事业只有适应外界的变化，不断进取，与时俱进，才能获得快速的发展。因此，我国航天型号研制工程在管理上的不断改革、创新，主动打破现有的组织结构，是为以后更好地发展打下基础。

(3) 全寿命周期的过程管理

航天系统工程管理是与型号寿命周期相伴随的一个全过程。基于寿命周期的型号系统工程管理可以粗略分为以下几个阶段。

① 论证阶段

论证阶段主要是在确定任务需求后，对产品的技术指标进行初步分析，提出可行性方案，完成可行性论证报告，并通过可行性论证评审的阶段。

② 方案阶段

方案阶段是在可行性论证的基础上，按所选定的技术途径和方案，突破关键技术并确定系统总体及各分系统研制方案的阶段。系统总体部门下达各分系统研制技术指标及要求，以及各分系统和单机完成方案选择并完成原理性试验，进行全系统的综合及仿真，研制出样机；制定研制程序和研制计划网络，提出大型试验内容及相关保障条件建设要求，制定下达系统研制的质量保障大纲、标准化大纲、安全性大纲、电磁兼容性大纲等文件规定，提出并确定研制配套单位的方案。该阶段完成的主要标志是系统的关键技术取得突破，完成总体方案、各分系统方案研制报告，提出系统初样研制要求，通过订货方及专家评审。

③ 初样阶段

初样阶段是承制方按用户任务书和合同的要求进行全面详细设计（技术设计）和试验的阶段。具体工作按如下程序进行：设计完成后,要对设计进行评审,以检查设计的正确性、合理性以及满足任务书要求的情况;评审通过后进行产品试制,产品制造出来后要进行全面的性能测试和按研制试验的要求及条件进行试验;地面研制性试验通过后再进行鉴定试验,鉴定试验的环境条件比产品实际经历的环境条件要恶劣,寿命周期要长,以确保产品的可靠性,如果鉴定试验未通过,要修改设计或重新设计;鉴定试验通过后,才算完成初样设计,并在一定的条件下,正式进行产品的生产;正式产品生产出来经测试合格后,再作新一轮的单机环境试验,在此基础上完成系统组装,对各系统进行全面的接口试验及匹配试验,全面检查系统是否满足任务书要求和寿命周期及环境条件要求,如出现问题,再做修改设计和验证试验,直至达到设计任务书的要求。

初样阶段的研制目的,就是为了发现问题和解决问题,查找设计上的薄弱环节,并最终确定试样阶段的技术状态,为在真实环境条件下投入使用奠定牢固的基础。完成初样阶段的标志是完成系统、分系统设计及地面试验,并通过转阶段评审。评审通过后,方可转入试样阶段。

④ 试样阶段

试样阶段是型号研制的关键性阶段。主要工作是:在初样阶段研制完成的基础上,进行试样阶段的设计;设计完成后进行设计评审,审查设计的正确性、合理性、满足用户要求的情况及前一阶段研制中所发生问题处理措施的落实情况;设计评审通过后,方可投入生产,生产出的单机(部件)完成性能测试和验收阶段的环境试验后,进行有关单机组成的分系统联试;联试满足要求后组装成系统并进行系统的综合性能测试、接口的匹配试验、环境试验;在系统完成上述全部工作后,组织出厂评审;评审通过后进入靶场(发射场),进行测试、发射试验。

⑤ 设计定型阶段

设计定型是型号研制的收获阶段。主要工作按如下程序进行:在型号的试样阶段已经结束,并明确了设计状态和技术状态以后,经上级主管部门同意,得到军工产品定型委员会认可,即可转入设计定型阶段。设计定型阶段完成的标志是全套武器系统符合型号研制任务书的要求,通过国家定型试验,以及完成研制总结报告及有关定型文件编制，通过各级审查鉴定，定型申报材料经过一、二级定委审批。

⑥ 生产阶段

生产阶段是把研制成果形成装备的阶段。该阶段的主要工作是：产品的生产量在需求分析时就应明确是少量制造还是批生产；如果是批生产，在产品设计定型后，对产品的生产条件应进行全面考核，在确认符合批生产的标准后，稳定工艺，完善工装，保证质量，提高可靠性；最后对产品质量抽查验证，直至评审合格。

型号的研制过程如图 2－11 所示。

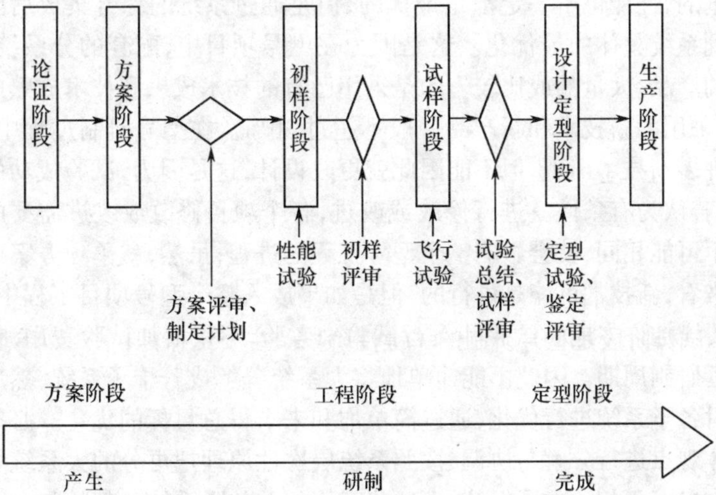

图 2－11　型号研制过程

(4) 整体最优化

传统的还原论是用解析的方法分析问题，将整体或高层次的性质还原为部分或低层次的性质，从而通过简单的累加来认识整体或高层次，是一种分析—累加方法。航天系统工程管理不同于还原论，航天系统工程管理的根本性质就是它的非累加性（亦即整体性），各个分系统一旦综合成完整的系统，便具有了分系统所没有的新特质，即非还原性质。航天系统工程管理实现了 1＋1＞2 的管理效果。由于航天型号系统规模庞大、结构复杂、影响因素众多，因此航天型号系统优化工作比较困难。航天系统工程优化的基本方法是以整体的观点来分解与协调。系统的整体性表明,系统中的要素以及要素间的相互关系,是根据特定的统一性要求协调存在于系统整体之中的。系统不是各个要素的简单集合,任何一个要素都不能离开整体去研究,要素之间的联系和作用也不能脱离整体去考虑,否则就不会具有整体所要求的特定功能。在一个系统整体中,即使每个要素并不很完善,但他们可以综合成为具有良好功能的系统;相反,即使每个要素都是良好的,但如果整体不具备良好的功能,也不能称之为完善的系统。航天系统工程管理要求型号系统中各分系统或某些单机的技术并不一定都是最先进的,性能也不一定都是最优的,但是通过系统的综合集成后能够达到系统整体的最优化。这是因为在型号项目中,配套的分系统、配套的产品,大量的或比较多的是采用已有的技术成果和技术成熟的产品,采用的新技术和新产品一般不超过30%。在型号研制过程中,会有许多新技术出现,但不能因此就更改设计,这是因为,试验成功的方案,若认为有条件就进行修改或改进,各个项目修改或改进需要的周期不可能相同,就会影响整个型号工程的进程;虽然,就单项方案或产品来看,新技术可能是可行的,但是如果放入整个型号项目工程中,就需要增加许多地面试验和飞行试验来考验,不仅增加试验费用,也会拖延研制周期。因此不能简单地将大系统分解成若干子系统,然后分别对各子系统进行优化,通过简单加和来求得总目标的优化。必须用整体观点进行分解与协调,按照系统层次性原理把可分的大系统分解成许多互不相关的子系统,而这些互不相关的子系统又都是与大系统有关的,各子系统的特性能反馈给大系统,从总体目标衡量后,再下达给各个子系统。型号研制管理活动的目的是保证其能按规定时间、按用户技术和质量要求、按预定费用把型号研制出来。因此,其管理目标主要由性能、技术、周期、经费等方面的指标组成。各种管理活动都要力求以最小的代价、最短的时间、最大的效益达到整体目标最优化。因此,要求管理方法科学化,手段现代化,在计算机上进行动态的管理,对人、财、物、技术、信息及知识进行有效组织、指挥、调控和监督。

(5) 管理活动立体化

为实现整体目标的最佳,把型号研制管理的活动按内容、时序、方法三维空间全面展开,使管理活动呈立体化结构,如图 2－12 所示。

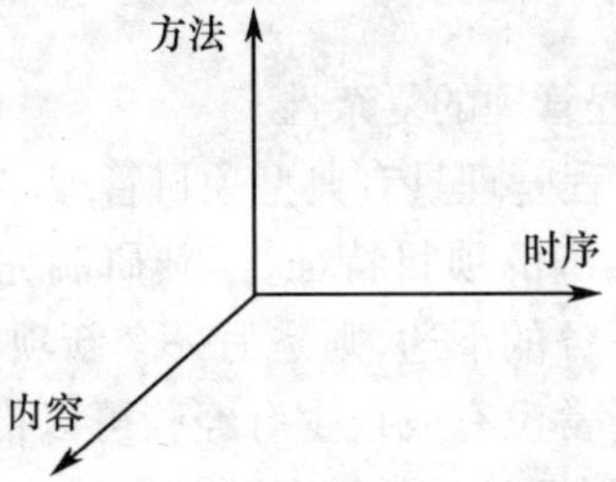

图 2－12　管理活动结构图

① 内容维

航天系统工程管理的内容已从通常的人、财、物三要素扩大到包括技术、信息及知识等 6 种对象。按照人才是科研生产力的第一要素、资金是生存发展的基本条件、物质资源是科研生产的骨肉、技术是竞争和发展的关键、信息是掌握全局的神经、知识是创新的源动力的理念,进行人才流、资金流、物质流、技术流、信息流及知识流的综合管理。

② 时序维

时序维最基本的表现形式是分阶段管理。分阶段管理是航天系统工程管理的前提。其主要目的是控制研制过程和建立技术管理工作与整个研制工作之间的联系。从军方提出研制任务需求,到型号研制出来装备部队,中间经历论证、方案、初样、试样、设计定型、生产等阶段,每个阶段都有自己特定的质和量的要求。同时在每个阶段之间,设有里程碑决策点,对前一阶段所做的工作进行全面审查。达不到阶段工作要求、评审未通过的,不能转入下一阶段,以保证研制工作按阶段、按程序顺利进行。为保证系统的效能最佳,每一研制阶段都要不断进行性能、费用、进度、风险之间的权衡。这些工作是不可缺少的,否则将导致武器研制任务的延期和经费的增加。

③ 方法维

这是航天系统工程管理三维管理活动中最活跃、最富于创新特点的管理活动。航天系统工程管理在管理方法方面,主要包括:指令性计划加合同的合同管理;型号行政总指挥和型号总设计师“两条指挥线”；型号总体单位设总体部；在型号项目中按系统工程方法进行一系列管理活动等。

4. 航天系统工程管理的复杂性

(1) 航天系统工程管理具有典型项目管理的特征

型号研制具有典型的项目特征，当其研制完成，此项目也就结束了。新的型号研制任务的下达，则是另一个新项目的开始。因此航天系统工程管理工作通常没有或很少有经验可以借鉴，项目执行中会有许多未知因素，每个因素又常常具有不确定性。型号研制工作一般涉及众多部门和单位，工作中还需要将具有不同经历、来自不同组织的人员有机地组织在一个临时性的组织内，在技术性能、成本、进度等较为严格的约束条件下实现研制目标。同时随着科学技术的不断进步，工作中需要综合运用越来越多的学科知识来解决问题。上述这些因素决定了航天系统工程管理是一项很复杂的工作，而且其复杂性与一般的生产管理有很大不同。

(2) 航天系统工程管理的创新性

型号研制既要承担风险又必须发挥创造性，这是与一般重复性管理工作的主要区别。型号研制的创造性依赖于科学技术的发展和支持，而近代科学技术的发展有两个明显的特点：第一个特点是继承积累性，体现在可以沿用以往型号研制成功的经验，继承前人的知识、经验和成果，在此基础上向前发展。一般在型号项目中有两种继承情况，一是在已经完成定型的型号基础上改进设计，这样的改进设计在工程项目战术技术指标方面，有较大的提高或某个关键的分系统和关键产品有较大的改进，足以形成一个新的型号项目；二是某型号项目是同类技术的系列发展，例如导弹的系列化发展。第二个特点是综合性，要解决复杂的型号研制，往往要依靠和综合多种学科的成果，将多种技术结合起来，才能实现科学技术的飞跃或更快发展。

近代科学技术的发展所具有的继承积累性和综合性特点为型号研制管理的创新性建立了平台。研制的型号都是以前没有的新型号，有的型号甚至国外也未研制过。因此，在型号研制开始之前，要十分重视科学技术情报和信息的组织管理和预先研究，这是产生创新思维和解决问题的重要途径。创新是对新事物、新规律的探索，有可能失败，有时为了加快进度和提高成功率，降低研制风险，需要有多个试验方案并行进行，这对型号管理者运用科学知识和方法进行正确的选择和决策提出了更高的要求，同时也是管理的重点和难点。例如在新技术的运用中，为了提高新产品的质量和水平，希望有更多的新方案接受严格的审查和筛选，以确保最终产品的质量和技术性能满足设计和用户要求，确保按时完成研制任务。而筛选淘汰下来的方案也不是没有用处，大部分将成为技术储备，为后续型号研制所采用，这种技术储备越多，应对外界条件变化的能力也越强。

(3) 型号研制流程管理的复杂性

航天系统工程管理是在规划、计划指导下严格控制组织资源、在规定期限内达到预定目标的一系列活动。一是不同类型的型号有其不同的研制程序和工作流程，在研制过程中，要对各阶段工作遇到的问题及时协调处理和解决，并根据工作进展情况对全系统进行协调，以保证研制工作有序进行。二是型号研制要有一个较明确的阶段顺序。型号不同，阶段划分要求也不尽相同，各阶段的工作内容十分繁杂，要求非常之高。管理工作要统揽全局，既要管好大节点，也不能对细微工作有任何疏漏，否则将造成研制工作进度的拖延。

(4) 型号研制组织和工作协调的复杂性

型号研制的复杂性随其类型不同变化很大。由于型号研制很复杂，所包括或涉及的单位、部门和学科、技术也很多。这种特点，必然带来“小核心、大协作”的组织体系和协调机制。型号研制过程中会出现各种贯穿于各部门(单位)的问题，这就要求这些部门根据研制需要作出迅速而且相互协调、相互依存的反应。但由于各部门的传统文化和利益上的差异，给管理带来了很大的难度，为实现共同目标，须在部门间互相协调。当研制工作遇到困难时，则会出现更复杂的问题。也就是说，传统的组织结构不能满足横向协调的需求。因此，航天系统工程管理建立了围绕专一任务进行决策的机制和相应的跨多个不同隶属关系部门的专门组织。“两总系统结构”就是航天人在不断的管理实践中总结出来的有效组织结构。

5. 航天系统工程管理的目标

(1) 总体目标

航天系统工程管理的总体目标是形成全方位资源整合机制，全面完成用户所需型号项目的研制与生产任务，在型号研制中培育创新人才，实现承担任务单位的经济和社会效益最大化。

航天系统工程管理过程中要对承担型号研制工作的航天系统内外各单位生产资源全面整合，形成有形资源和无形资源的相互转化，建立全方位资源整合机制。航天型号产品不仅由航天系统自主研制生产，而且也充分利用有关科研院所的研发力量，实行自主基础上的联合研发，包括和竞争对手的联合研发。通过自主研制生产和联合研发等形式培养技术人才，形成自己的核心技术和具有自主研发能力的技术队伍。航天系统工程管理要力求做到用户需求、成本控制和时间进度的有机统一，以保证项目目标的实现。在立项及以后的研制过程中采用并行工程，充分征求用户及有关专家的意见，吸收有关人员参加项目工作，实现与用户及时有效的沟通，在保证技术性能的前提下实施有效的成本控制和研制进度控制。航天系统工程管理通过实施目标管理，实行过程控制，把研制工程目标按时间阶段及研制过程进行分解，在目标分解的基础上，进行全程跟踪、全程控制并按阶段评审、验收和考核。概括起来就是“过程跟踪、节点控制、里程碑考核、阶段小结”。通过产品的研制定型和批生产，提高承担研制工作单位的经济效益和社会效益。

(2) 具体目标

① 全面控制型号研制质量

型号研制质量是指为保证型号全寿命周期内型号系统的可靠性、经济性、安全性、使用性、维修性和战术技术指标的实现所进行的全部工作，并通过各项产品研制、试验来证明满足要求的程度。型号研制质量存在于型号研制的所有阶段，渗透于型号研制的所有方面，关键是设计质量、产品研制质量和试验质量。保证型号研制质量尤其要保证型号方案的正确性和设计质量，根据型号方案的要求，制定型号研制质量保证大纲、可靠性大纲、标准化大纲和安全性大纲等纲领性文件，从论证、方案、初样、试样、设计定型、生产等全过程的各个主要环节上编制标准和规范。型号研制质量控制包括可操作的型号研制质量与可靠性保证规范、独立的型号研制质量组织机构、有权威的型号研制质量监督队伍、型号质量指标参数、测试程序、评估方法等。

从型号研制阶段角度分析，航天系统工程管理要把型号质量管理要求从型号研制方案阶段就列入型号研制计划中，并实施型号研制质量的全面控制。

实施型号研制质量控制，一是要在型号研制中建立健全质量师系统，做到组织落实并充分发挥型号质量师系统的职责，同时建立起切实有效的型号质量管理信息系统；二是要抓型号质量立法和执法，保证型号研制各阶段质量过程控制的有序进行，使型号质量控制走上法治化轨道；三是要加强对型号系统软件的质量控制，实施软件工程化管理，如软件开发规范、软件文档、软件验证等。

② 保证型号两总系统指挥畅通

型号行政总指挥系统和总设计师系统要确实保证型号研制文件、规范、标准和质量、计量保证措施的严格执行，并通过型号信息反馈系统对那些不适应型号研制进程的文件适时地进行修改和补充，以确保型号目标的完全实现。

③ 实现型号系列化

所谓型号系列是指关键技术、性能以及产品生产等密切相关的同类产品的总和。系列化是实现“好、快、省”发展航天型号的重大举措和技术途径，是随着时代和用户要求的提高而不断发展的必由之路，是与时俱进、跨越发展的必然要求。航天系统工程管理在实现型号系列化时，着重于将来的新产品、新产品系列或新产品项目的选择，着眼于企业长期的发展，有利于培养企业的核心竞争力。

型号系列化的关键是准确定位基本型并正确处理继承和发展、改进与提高的关系，做到在基本型的基础上不断改进提高，以满足技术进步和用户的需求。型号系列化还要正确处理产品研发和工艺研制之间合理的组合关系，对此，航天系统工程管理要注重抓好两个方面的工作：既要强调产品的研制，又要重视研制工艺技术的改造。因为单纯的产品开发难以长期维持其竞争优势，除在产品技术性能有新的重大改进外，还必须依靠工艺技术的改造和进步。在产品研制中必须考虑工艺基础，因为没有先进的工艺作支撑，即使设计出最先进的产品，也不可能生产出来；反之，工艺研制必须和产品研制结合起来，只有在产品研制中不断采用新技术，提高工艺技术水平，才能有助于企业降低成本，提高产品质量，缩短生产周期，降低产品的使用维护成本，否则工艺研制将失去作用。

④ 奠定型号发展基础

型号从论证开始就要考虑其未来发展的可能，实施型号系列化发展。航天系统工程管理的一个重要目标就是奠定型号发展的基础。通过预先研究，为新型号创造技术条件；通过科技进步，不断地提升武器系统的性能，延长其生命周期；通过推行标准化，使型号系统的基础和通用性得到提高，从而降低系列研制成本，提高系统（单机）的质量和可靠性；利用组合化的设计，使武器系统的应用范围得到进一步拓展，做到一种武器系统可用于多种平台，一种平台可用于多种武器系统，从而提高用户使用的通用性和效能。

6. 航天系统工程管理的主要内容

航天系统工程管理对在论证、方案、初样、试样、设计定型、生产等各个环节的包括人、财、物、技术、信息与知识等所有资源实行全过程、多方位的综合管理，包括研制管理、组织管理、质量管理、工艺管理、计划管理、风险管理、文化管理、进度管理、知识管理、人力资源管理、财务管理等，以达到系统既定的目标，实现整体最优化。从上述含义中可以看出，航天系统工程是从两个方面同时对所有资源进行管理的，既包括型号研制的程序（时间维）方面，也包括型号涉及的内容（管理领域维）方面。航天系统工程管理的结构体系如图 2－13 所示。

(1) 研制管理

航天型号系统工程研制管理是航天系统工程管理的重要组成部分，也是航天型号开发与生产的关键环节，对航天型号任务的顺利完成起决定性作用。在航天型号系统工程研制管理工作中要严格按照《导弹武器系统研制程序》、《常规武器装备研制程序》、其他法规文件和军方（用户）提出的型号战术技术指标（技术要求）、进度、质量及经费要求，结合具体型号特点和现有技术水平、保障条件等因素，综合均衡，周密安排，编制出切实可行的针对某具体型号的研制程序，明确研制和试验工作。

(2) 组织管理[4]

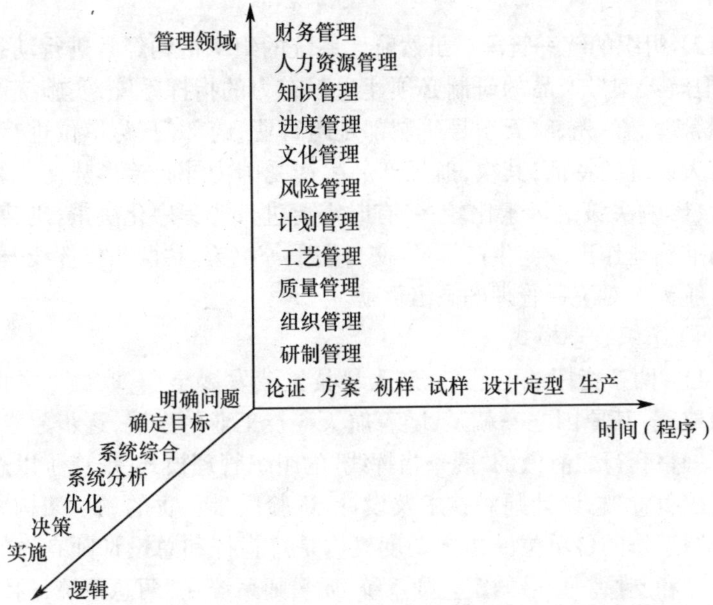

图 2-13 航天系统工程管理的结构体系

航天系统工程的组织管理是为了完成型号研制任务而对相关的各类资源(人员、资金、技术、设备和材料等)进行系统安排所采取的一种手段,是航天系统工程管理的核心内容之一,是型号研制成功的关键,直接影响型号研制的费用、周期与质量,关系到型号研制能否顺利进行、取得成功。航天系统工程的组织管理使型号研制得到组织保证,可以确保在规定的时间、资源条件下,把相关人员、物资等要素集合起来,完成预定研制目标。

① 组织管理原则

1) 组织的革新性。组织体系和机构的设置应根据任务的变化而进行动态的改变。组织机构设定一段时间之后,如果发现原来设置的部门或职责不合理,应及时调整组织机构,改进不合理的规章制度,进一步落实岗位责任制,充分调动职工积极性。航天系统的组织机构随着我国改革的不断深入而进行了数次改变。组织的革新使人们去掉安逸、舒适、懒惰的思想,树立不断进取、不断奋斗和不断攀登的创新精神。

2）组织的统一管理。虽然航天系统的组织机构经常进行动态调整，但航天型号产品的研制必须建立强有力的指挥系统，实施统一的组织管理。首先，航天型号研制都是跨行业、跨部门、跨单位进行的，具有大系统的特征；其次，航天产品生产受国内外政治形势变化影响较大，影响决策的因素比较多，有时需要进行非程序化决策，迅速、果断而准确地作出改变生产批量、交付期限等决策。“两条指挥线”模式就是航天人对统一管理的杰出贡献。

② 组织管理模式

1）“两条指挥线”模式。航天科技工业发展至今，取得了举世瞩目的成就，其原因之一就是，随着航天科技工业的发展，逐步建立、健全了一整套行之有效的“两条指挥线”的组织管理模式，形成了以总指挥全权负责，总设计师对技术及设计、试验质量负责的领导架构。参加研制工作的各单位的指挥调度机构是总指挥和总设计师有力的组织保障和支撑。型号的工艺师系统、质量师系统在“两总系统”的统一指挥下，保证了型号的研制、生产质量。

2）CIMS组织团队。伴随着信息技术的高速发展，产生了一种建立在计算机、通信技术之上的新组织结构——CIMS组织团队（Computer Integrate Manufacturing System）。CIMS组织团队不同于传统实体组织，该组织是依靠核心竞争力，应用计算机技术、网络技术以及通信技术，根据任务需要组织起来的工作团队。它以互惠互利的动态合作联盟形式快速获取各种外部资源，从而加快研制进度、缩短研制周期。当研制任务完成后，该组织团队的使命即告完成。

（3）质量管理

航天系统工程质量管理是指在一定技术和资源条件下，为了成功地领导与组织承担航天产品研发、生产的单位，针对型号研制等方面的需求，运用先进的科学技术、方法和原理，实施并保持持续改进的质量管理体系，保证并不断提高航天产品质量的一系列活动。它的主要任务是建立和保证质量体系的运行；决定质量工作的策略、目标和责任；通过运用先进的科学技术，不断提高航天产品的研制与生产质量，降低研制和生产风险及生产使用成本，提高经济效益，增强航天产品的竞争力。航天科技工业在“军工产品、质量第一”方针的指导下，继承和发扬航天优良传统，在实践中逐步积累、形成了一套独具特色的质量管理和质量保证的组织、制度体系和方法。

① 大质量观念

航天系统工程质量管理所指质量并非单指型号产品质量，它是“大质量”的概念。把满足国家的要求和用户的需求作为质量目标；集研制质量、产品质量和服务质量于一体；抓好质量工作，强调提高人的文化技术综合素质，人的素质是全面质量管理的核心；在进行质量制度建设的同时，推进质量文化建设，所有从事航天工程的人员都需认同航天质量文化，并实施航天质量文化管理。

② 质量体系和制度建设

按照 ISO 9000(2001 版)和 GJB 9000 以及有关质量工作的“三十条”、“十八条”、“七十二条”、“二十八条”、“质量问题归零双五条”和“可靠性工作十七条”等管理文件的相关规定，建立“高可靠性的质量保证体系”。该质量保证体系包括建立组织体系、策划管理流程、计划体系和文件体系，编制质量管理计划、产品保证大纲、产品保证要求和产品保证计划等。该质量保证体系把承担型号研制或提供配套产品的航天系统内、外的单位都统一纳入质量管理系统中，以保证型号研制质量、试验质量、生产质量，降低研制风险。

③ 研制全过程的质量管理

航天系统工程质量管理的重点是型号研制质量管理，主要体现在研制过程的质量管理，包括：论证阶段质量控制、方案阶段质量控制、工程研制阶段质量控制、定型阶段质量控制、生产过程质量控制、产品交付质量控制、技术状态管理质量控制、各项试验质量控制等。

(4) 工艺管理

在科学技术快速发展的今天，制造技术和设计技术、试验技术越来越紧密地相互融合、相互渗透、相互依存。先进制造技术日益显现出它在国民经济发展、国防现代化建设和企业竞争力增强方面的重要作用。工艺技术和设计技术、试验技术一样，是航天技术的重要组成部分，是实现航天产品高性能、高可靠性、高质量、低成本的重要支柱之一。在型号研制的批生产中，工艺技术更具有主导作用。工艺管理就是通过科学地计划、组织、监督和控制型号研制全过程的各项工艺技术工作，把型号研制生产工艺与设计有机地结合起来，以最有效的手段和尽可能低的成本生产制造出符合各研制阶段质量要求的产品。加强工艺管理就是要不断吸取先进的工艺制造技术，促进装备水平和武器系统加工制造质量和水平的提高，全面满足不断发展的型号研制需要。

① 工艺管理工作的基本任务

工艺管理工作的基本任务是通过计划、组织和控制，合理利用资源，以先进的制造技术生产出符合设计要求、质量稳定、成本低的产品。工艺工作贯穿于型号预先研究和型号研制的论证阶段、方案阶段、工程研制阶段(含初样阶段与试样阶段)、设计定型阶段，以及工艺(生产)定型阶段和批生产阶段。

② 工艺管理的主要任务

1) 加强工艺队伍和工艺师系统建设，充分发挥工艺人员的作用。根据型号科研生产任务的需求，在有计划地补充工艺人员的同时，采取措施稳定工艺人才，加强对工艺专业技术带头人和管理骨干的培养。

2) 建立工艺与设计并行的工作机制和工作程序，形成工艺与设计协同工作的模式，确保工艺人员从型号方案论证阶段甚至预研阶段就全面介入型号的研制工作；做到与工艺有关的技术协调、设计评审、产品质量评审、试验、设计定型等工作都有工艺师参加，产品设计图纸都要经过工艺审查和会签，产品设计方案与工艺方案协调一致；型号研制和批生产要求的工艺改造项目，其技术方案应由工艺管理部门组织工艺师参与制定和实施。

3) 加强工艺技术预先研究、共性工艺技术研究、型号关键工艺技术攻关、工艺成果工程化及新工艺推广应用。特别要重点解决型号研制生产的关键技术瓶颈，并为未来型号研制和批生产提供技术储备。要以信息化带动工艺技术跨越式发展，实施 CIMS 工程，加速数控加工技术和 CAD/CAPP/CAM 一体化技术的推广应用。建立适应多型号研制和批生产同时并举的工艺管理模式，缩短研发周期，提高制造质量，降低生产成本，增强应变能力。

4) 加强工艺管理制度建设，建立适合航天信息化发展和现代制造业发展的工艺管理规章制度,激励工艺创新工作,为型号研制生产提供工艺技术保障。

(5) 计划管理

计划是组织为实现确定目标而制订的未来具体行动方案。计划包括三个方面:一是确定组织目标;二是确定为达成目标的行动时序;三是确定行动所需的资源配置。航天要实现型号研制目标,就必须制定具体的型号研制计划。

型号研制计划是组织根据研制项目目标,对型号研制实施过程的各项活动作出的周密安排。计划管理围绕研制项目目标,系统地确定研制项目的任务、安排任务进度、编制完成任务所需的资源预算等,从而保证能够在合理的周期内,以尽可能低的成本和尽可能高的质量完成型号研制任务。

(6) 风险管理

风险管理是航天系统工程管理职能的一个有机组成部分。

随着新技术的不断涌现,型号研制的管理也逐渐体现出战略性、风险性、竞争性、规模化、复杂化、高附加值、信息密集等明显的特征。

风险管理是风险主体进行的以辨识和控制那些可能造成有害后果的因素而进行的有组织的活动过程。航天项目是高风险项目,只有强化风险管理,才能避免出现大的波折,实现既定的研制目标。

航天系统工程管理要在规定的时间和费用指标内,按既定的技术性能指标完成研制工作,交付型号产品。然而,在航天型号产品研制实践中,随时可能出现各种各样阻碍实现进度、费用和性能目标的问题。也就是说,在整个研制过程中随时都会出现风险。虽然各种风险表现形式不同,但其后果都是导致研制工作偏离预定目标。因此,要实现预定目标,就必须在整个研制过程中进行风险管理,以控制或消除各种风险。

型号研制的风险管理是通过风险识别、风险分析、风险处理、风险控制等一系列手段,对风险作出积极反应的一系列工作过程。通过对系统的风险进行全过程的主动管理,达到降低风险、减少风险损失,甚至化险为夷、变不利为有利的目的。型号风险管理过程如图 2 - 14

所示。

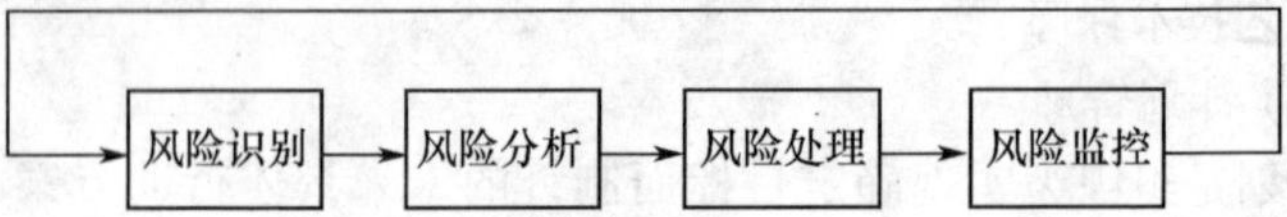

图 2-14　型号风险管理过程

(7) 文化管理[5]

企业文化是企业核心竞争力的重要组成部分，也是成就事业的精神支柱。我国的航天事业已经走过了半个世纪的光辉历程，航天职工创造出了先进的物质文明，同时，也形成了体现社会主义精神文明的航天精神，凝练出了核心价值观、道德规范和行为准则等宝贵财富，取得了物质文明、精神文明双丰收。在航天事业创建时期初步形成的航天传统精神的内容是“自力更生、艰苦奋斗、大力协同、无私奉献、严谨务实、勇于攀登”。这种航天传统精神是在中国共产党的领导下，在老一辈无产阶级革命家的教育关怀下，航天系统全体职工共同创造的精神财富，它体现了航天职工的群体形象和精神风貌。在建设航天事业和航天型号产品研制实践中，航天传统精神得到了丰富和发展，充实了新的内容，业已形成了“两弹一星精神”和“载人航天精神”。这三种精神是航天文化的典型代表。

航天系统工程文化管理，就是通过一定的组织形式对航天全系统的文化建设和发展进行全面系统的规划，使得航天系统文化朝着既定的目标不断努力和实现的过程。

(8) 进度管理

航天型号研制都有明确的进度要求，各项研制工作必须环环相扣，按研制程序进行。在提高型号研制质量、降低研制成本的同时，缩短研制周期成为当今航天系统工程管理的重要目标。

进度管理主要是加强各级指挥调度和协调工作，做到情况明、消息灵、信息通、决策快，通过过程跟踪、节点控制、里程碑考核、阶段小结的系统工程管理等方法，确保项目按计划进行。

(9) 知识管理

在型号研制中，知识就是所拥有的各种专利技术、非专利技术、研究开发能力、研究成果、项目成员所掌握的技能等智力资源。知识作为资源，不像传统的资源那样有形和便于管理。知识管理就是对型号研制过程中的所拥有的和所能接触到的知识资源，进行识别、获取、评价，从而使其充分有效地发挥作用的过程。为了更好地进行知识管理，型号研制过程中要注意各个阶段各种资料的整理归档、各项成果和专利的及时申报，并积极采取措施保护已取得的知识产权。

(10) 人力资源管理

人才是完成型号研制任务的决定性资源。要完成好型号研制任务，必须拥有一支高水平、高素质的型号研制人才队伍，并做到整个型号研制队伍组织严密、专业配套、系统协调。人力资源管理的主要任务是制定各类人才吸纳、培养以及待遇等一系列相应的规定，根据型号系统的需要，任命、调整各级领导者，做到型号研制的组织、人员落实并对各类人员进行考核、奖惩。

(11) 财务管理

航天系统工程管理的实施过程实质上是一个物流、资金流和信息流等反复作用的过程，期间涉及到的各种投入，需要有效地进行计划和监控，从而减少损失，最终通过型号研制的成功使型号研制投入资金增值。财务管理主要是对型号工程进行经费预算、分配和控制，制定各项财务管理制度，监督各级单位研制经费的使用，根据研制进展情况保证研制工作正常开展需要的资金。其实质是对工程研制、生产和交付全过程的各类活动实施货币化协调和控制的过程。

参 考 文 献

[1] 薛成位.弹道导弹工程[M].北京:中国宇航出版社,2002.
[2] 黄瑞松. 飞航导弹工程[M]. 北京:中国宇航出版社,2004.
[3] 范维生.航天系统工程管理概论[M]. 北京:宇航出版社,1993.
[4] 芮明杰.管理学[M].第2版.上海:上海人民出版社,2005.
[5]《航天传统精神概论》编写组.航天传统精神概论[M].北京:宇航出版社,1990.
[6] 陈劲.研发项目管理[M].北京:机械工业出版社,2004.
[7] 张钧,等.当代中国的航天事业[M].北京:中国社会科学出版社,1986.
[8] 袁家军.神舟飞船系统工程管理[M].北京:机械工业出版社,2006.

[9] 李福昌.运载火箭工程[M].北京:中国宇航出版社,2002.
[10] 金其明. 防空导弹工程[M].北京:中国宇航出版社,2004.
[11] 徐福祥.卫星工程[M].北京:中国宇航出版社,2002.
[12] 赵兵. 航天系统工程[M]. 北京:宇航出版社,2000.

第3章　航天型号系统工程研制管理

航天型号系统工程研制管理是航天系统工程管理的重要组成部分，是航天型号开发与生产的关键环节，对航天型号任务的顺利完成起决定性作用。依据航天型号产品研制管理的政策法规与科研生产管理实践，系统工程过程管理是航天型号系统工程研制管理的核心，包括程序管理、阶段管理与组织管理等若干方面内容。

3.1　航天型号系统工程研制程序

航天型号系统工程研制程序是对航天型号每个研制阶段的任务划分及其相互关系的明确规定，是型号研制规律的客观反映，是型号研制生产遵循的法规，也是型号研制生产管理工作的依据与考核型号研制阶段工作的标准。

型号系统工程过程主要是型号研制工作程序规定的全部流程、各阶段(程序中)的管理工作以及相关的管理规章制度的统一与有机集合。以导弹武器系统为例，总参、国防科工委、航天工业部门颁布的《关于防空、海防导弹武器系统研制程序的规定》、《飞航导弹武器系统研制程序》、《常规武器装备研制程序》等研制法规和标准都明确规定了各个研制阶段研制与管理工作的内容和要求。严格按照型号研制程序办事，是实施科学管理、促进航天型号技术研发的重要保证。

3.1.1　国外航天型号系统研制程序简介

1. 美国研制程序

美国国防部1971年以5001号指令，公布了其陆军常规武器产品的研制程序。该程序从批准军方提出的“需要”开始，到武器系统的成功使用为止，把产品研制的过程划分为5个阶段。

1) 拟订方案阶段。主要是制订各种研制方案,并从中优选出可行方案。

2) 论证阶段。主要是确定该武器系统是否可以进入全面研制阶段。

3) 全面研制阶段。主要是获胜的合同商与军方签订带有试生产方案的研制合同。

4) 生产阶段。主要是军方与合同商签订生产合同,进行试生产和正式生产。

5) 使用阶段。是指从合同商向部队交付第一批武器开始,直到按合同规定全部交付完毕为止。

在美国研制第一代战略导弹的"北极星"计划中,把大型武器系统的研制过程按程序划分为方案拟订、方案验证、全面研制和投产部署4个阶段。他们特别重视方案设计,把方案设计分为"方案拟订"和"方案验证"两个阶段。用麦克纳马拉的话说:"多花些纸和笔,那怕是对关键性部件多做些试验来保证其可靠性,也比中途下马或走回头路要便宜得多。"

美国国防系统管理学院1986年在所编写的《系统工程管理指南》中,将重要武器系统的开发过程,按程序划分为6个阶段。

1) 任务范围分析。是在现有的军事装备中发现不足,或者在分配的范围内决定更能有效地完成指定任务的方法而进行的工作。它要确定任务的要求、约束条件、战略规划纲要,并形成设立项目的初步决策。

2) 方案探索阶段。是为进一步的研制过程拟订和选择系统工程方案。工业部门根据经国防部批准的在第一阶段提出的"工作说明书"中明确的系统要求来开展系统工程活动,通过功能分析、综合与权衡研究,把系统要求转换成各种设计方案,包括要求的分配、接口的确认和技术预算等。

3) 论证与确认阶段。从国防部发布决策备忘录开始,其目的在于分析和确认武器系统方案,审查有风险的子系统,并决定是否转入全尺寸研制阶段。这个阶段的工作要形成设计要求和一批符合使用与保障要求的、稳定而切合实际的子系统性能规范。

4) 全尺寸研制阶段。从国防部批准投产后开始,其目的是为批生产提供必要的设计文件,并为作战和后勤保障系统提供综合后勤保障文件。本阶段要验证系统设计的正确性,形成转入生产阶段和使用与保障阶段所需要的文件,包括产品、工艺和材料规范,生产计划,综合后勤保障计划以及生产阶段的指标书等。

5) 生产阶段。是以最低的费用生产和交付有效的、有全面保障的武器系统。生产阶段的制造工作常常可以分为两个阶段来完成:第一阶段是进行小批量生产;第二阶段,将初始的作战使用、测试、试验、评审和生产试验等经验综合在一起,进行必要的修改,提高生产速度并进行大批量生产。

6) 使用和保障阶段。从武器系统的部署开始,一直延续到系统退役处理为止。其主要工作是在部署时进行必要的改型和产品改进。

从这一研制程序来看,特别重视了目标选择和方案确定的可行性与可靠性工作。这种思想不仅贯穿于前5个研制阶段,而且还特别明确地规定从第2阶段开始直到第5阶段对重大项目的研制都要进行阶段评审和审核,以确保产品研制质量能达到任务要求。

2. 苏联/俄罗斯研制程序

苏联/俄罗斯将弹道导弹研制的主要阶段划分为设计、试制、试验、批生产、交付部队和装备使用6个阶段,如表3-1所示。

表3-1　苏联/俄罗斯研制弹道导弹主要阶段划分

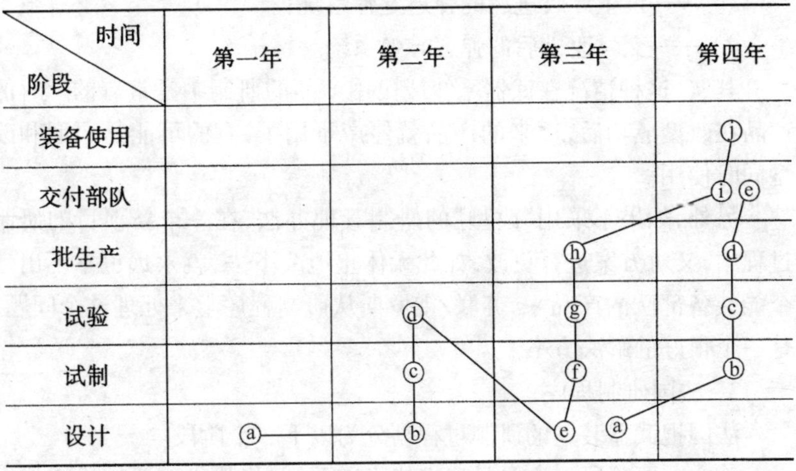

表中第一条折线由ⓐ到ⓙ构成。

ⓐ——论证新弹道导弹系统研制的战术技术要求和必要性；

ⓑ——进行弹道导弹系统各主要组成部分的技术设计；

ⓒ——试制导弹及发射设备的样机；

ⓓ——对样机进行试验；

ⓔ——根据样机的试验更改设计；

ⓕ——对样机作必要的修改；

ⓖ——进行第二次试验并为批生产作准备；

ⓗ——生产首批导弹及发射设备；

ⓘ——向部队交付批生产产品；

ⓙ——新弹道导弹系统装备使用。

考虑到新弹道导弹系统在研制过程中,可能有新的改进方案,新技术有了突破,提出了新的战术技术要求等,如对正在研制的新弹道导弹系统稍加改进,就能获得良好效果,于是采取改型的办法,所以表上就有第二条折线。

ⓐ——进行原先未考虑到的设计更改；

ⓑ——对导弹和发射设备进行具体改进；

ⓒ——试验改进后的弹道导弹系统；

ⓓ——批生产改进后的弹道导弹系统；

ⓔ——交付改进后的弹道导弹系统。

其实,这种情况在武器系统或民用产品的研制中是常有的。有的产品在改型成功后,原来的产品就停产不用了,有的可能是原型和改型同时使用。

另外,如果不采用“改型”的研制管理办法,在一个新项目的研制过程中,又对方案进行更改,如此无休止地改下去,就永远也拿不出一个能装备部队的产品来,苏联/俄罗斯从研制程序上来处理这个问题,是一个很好的解决方案。

3. 法国研制程序

法国把武器装备的研制过程划分为以下 3 个阶段。

确定需要阶段。主要是确定战术需要,并将战术需要转换成战术性能指标。

技术研究与研制阶段。主要是确定武器装备的技术状态,进行大规模的研究和开展设计工作,并制造武器装备模型(或原型)。

试验鉴定阶段。主要是进行各种技术试验之后,进行各种条件下的作战试验,在研制计划要求的时间内进行武器装备的批量生产。

从上述三个阶段来看,法国比较强调为避免研制过程中技术上的风险,在"确定需要"阶段就要求制造出样品,进行模拟试验,然后确定研制方案。他们把地面综合试验列入"技术研究与研制阶段"之中,而突出了靶场试验,这可能与法国研制战术武器居多有关。但他们强调在起始阶段的方案设计中就要进行实物模拟,值得重视。

4. 其他国家研制程序

联邦德国在第二次世界大战后,于 1955 年才开始战术导弹武器的研制。他们把战术导弹武器研制分为预研阶段、方案论证、方案确定、研制和采购(军方向公司采购武器系统)等 5 个阶段。在这里,他们突出了"预研",并把方案设计划分为"方案论证"和"方案确定"两个阶段,表明联邦德国和美国一样,都非常重视方案确定,强调要把方案论证工作做扎实,而且要求方案论证工作不能仅停留于纸面和计算上,而要做出实物(模型或原型)进行验证,把方案的确定建立在切实可行的基础上。

英国常规导弹武器的研制程序通常划分为 11 个阶段,即初步研究阶段、方案研究或可行性研究阶段、方案确定阶段、全面发展阶段、技术试验和部队试验阶段、验收和批准阶段、生产规划阶段、试生产阶段、试装备阶段、批生产阶段、产品改进阶段。

日本的常规导弹武器研制程序是:计划分析研究阶段、技术分析研究阶段、样机的设计阶段、样机的试制阶段、样机的试验阶段、整机的总体设计阶段、整机的总体试制阶段、整机的技术试验阶段、整机的部队试验阶段、武器的评价和试制阶段、生产设计和准备阶段。

3.1.2 我国航天型号系统工程研制程序

20 世纪 60 年代初,为了在运载火箭系统研制中更好地遵循科学规律,国防部第五研究院吸取“1059”仿制和近程运载火箭研制的经验教训,于 1962 年 11 月颁发了《国防部第五研究院暂行条例(草案)》。该条例明确规定了型号研制工作应按 8 个阶段有序开展,即:确定任务、制订方案、初步设计、技术设计、试制、综合试验、定型和移交。该条例还指出:这 8 个阶段是型号系统研制工作的必经程序,必须有节奏地进行,在某些情况下也可以组织交叉作业。1963 年钱学森同志进一步倡导在运载火箭系统研制中绘制型号系统研制程序图,用以形象地、系统地、有序地对型号系统研制实行科学管理。紧接着,在近程运载火箭改型和中程运载火箭研制中开始了研制程序图的设计和绘制。后来在实践中加以修改,去掉了“确定任务”和“移交”两个阶段。在中远程运载火箭 DF-3 的研制实践中,按照研制程序掌握研制进程,都较顺利地完成了任务,说明研制程序是符合科学规律的。后来对其他运载火箭系统工程项目也都制定了相应的研制程序。

1979 年航天部各研究院都分别制定颁发了型号系统研制程序。其研制过程大体划分为:确定任务、制订方案、初步设计、技术设计试制、地面试验、飞行试验和设计定型 7 个阶段。其特点是:1)将技术设计和试制作为一个阶段,这对于战术导弹武器系统的研制来说,可能更有利于试件的生产和设计的结合,加速研制进程;2)把综合试验划分为“地面试验”和“飞行试验”两个阶段,这样就突出了对地面试验的重视,更加有利于区别对待,加强不同情况下的管理,提高飞行试验的成功率。

1981 年航天工业部总结以往经验,又正式颁发了《型号研制程序暂行条例》,将型号系统研制过程按逻辑划分为 5 个阶段,即指标论证阶段、方案阶段、初样阶段、试样阶段和定型阶段。要求其所属各院、局、基地按 5 个阶段执行。

20 世纪 90 年代,国务院有关部委和军委有关部门联合颁发了关于航天型号研制程序的若干文件法规,如《常规武器装备研制程序》、《战略武器装备研制程序》等,从而使研制程序的制定和实施步入了国家级规范化的阶段。同时武器系统研制程序的阶段划分和主要工作也有了如表 3-2 的规定。

工程研制阶段一般分为初样和试样两个阶段，技术比较成熟的配套设备可以直接进入试样阶段。

表 3-2　武器系统研制程序的阶段划分和主要工作

战略武器装备研制阶段	1. 论证阶段	2. 方案阶段	3. 工程研制阶段	4. 定型阶段	
常规武器装备研制阶段	1. 论证阶段	2. 方案阶段	3. 工程研制阶段	4. 设计定型阶段	5. 生产定型阶段
各研制阶段的主要任务	通过论证和必要的试验，初步确定战术技术指标、总体技术方案以及初步的研制经费、研制周期和保障条件，编制《武器系统研制总要求》	根据经批准的《武器系统研制总要求》，开展武器系统研制方案的论证、方案设计验证，形成《研制任务书》，提出初样设计要求	根据经批准的《研制任务书》进行武器装备的设计、试制和试验	对武器装备性能和使用要求进行全面的考核，确保其达到《研制任务书》和研制合同的要求	对产品批生产条件和质量稳定情况进行全面考核，确保其达到批生产的标准

产量很小的产品，可只进行设计定型；有一定批量的产品，需进行工艺定型；对于大批量生产的产品，应进行生产定型。

上述文件法规还对各阶段的主要管理工作作了规定，以战略弹道导弹为例，主要有以下内容。

论证阶段。主要战术技术指标论证由使用部门组织进行。在此基础上由使用部门提出《武器系统研制总要求》,报经国务院、中央军委批准后,使用部门与研制部门签订《研制总协议》。《武器系统研制总要求》的主要内容包括:作战使用要求、战术技术指标、总体设计方案设想、大型试验方案的初步设想、需要的重要保障条件、研制周期、研制经费估算、研制分工建议。

方案阶段。本阶段主要工作是方案论证、方案设计和模样研制,以及拟订大型试验的初步方案。使用部门与研制部门根据《武器系统研制总要求》和《研制总协议》及经费额度,签订方案阶段合同。研制部门按方案阶段合同开展工作,并建立行政指挥系统和设计师系统。本阶段,研制部门提出研制方案报告,使用部门组织进行评审和组织拟制《研制任务书》(附研制方案报告),并会同研制部门上报。《研制任务书》的主要内容包括:战术技术指标和作战使用要求、总体技术方案、大型试验的初步方案、要求的重要保障条件、研制进度、研制经费概算、研制分工。

工程研制阶段。本阶段主要工作是初样、试样(试验装置)研制和试验,以及定型的部分工作。根据批准的《研制任务书》,使用部门与研制部门签订研制阶段合同,并开展相应的工作。本阶段开始时应制订飞行试验方案,且要与定型工作紧密结合。本阶段完成后,应组织评审。

定型阶段。本阶段主要工作是使用部门与研制部门签订定型阶段合同,进行定型鉴定试验和设计定型、工艺定型(生产定型)。定型工作是在研制阶段结束后组织全系统进行定型审查和评审,提出定型报告。

各型号应根据《常规(战略)武器研制程序》及其他法规文件和军方(用户)提出的型号战术技术指标(技术要求)、进度、质量要求及经费等,结合具体型号特点和现有技术水平、保障条件等,综合平衡,周密安排,编制切实可行的具体型号研制程序,指导该型号研制生产工作。

3.2 航天型号系统工程研制阶段及系统工程管理工作

航天型号系统工程研制阶段的划分,规定了型号研制各阶段的主要任务、主要依据、主要工作内容和结束标志,适用于型号研制的全过程。下面仅以弹道导弹为例,对其研制程序作一个简单的说明。弹道导弹研制阶段一般划分为:论证阶段、方案阶段、工程研制阶段和定型阶段。

3.2.1 论证阶段

导弹武器系统的研制,在工程研制之前先进行可行性论证。根据任务要求,论证内容包括:可能采取的各种方案、技术途径、可能达到的指标,以及开展工程研制之前必须解决的支撑性预研课题(如弹头、战斗部和壳体材料、惯性器件、伺服机构、制导与控制和发动机等关键项目),还要估算研制的周期和经费。

1. 主要任务

该阶段的主要任务是完成主要战术技术指标及可行性论证。

2. 主要依据

该阶段的主要依据有:国家批准的武器装备研制中长期计划、军方提出的作战需求即型号战术技术指标及可行性论证任务,武器技术政策、预先研究成果和相关的标准、规范、法规等。

3. 主要工作内容

该阶段的主要工作内容有两项,即论证工作和管理工作。

论证工作包括:对战术技术指标的合理性、现实性及实现的可行性、经济性、实施步骤、研制周期等的论证;对型号方案的设想和拟采取的主要技术途径的论证;对大型试验方案和初步设想的论证;对关键技术及拟采取的新技术、新工艺、新材料和新型元器件的论证;对必须解决的新设施、新设备和重大技术改造项目的论证;对研制经费概算及研制计划设想的论证。

管理工作包括:选定型号行政负责人和技术负责人,组织论证队伍；组织型号论证工作；拟订攻关方案，组织攻关队伍，开展关键技术攻关工作；组织新设施、新设备和重大技术改造项目的论证；选择主要试制（承制）厂家和试验基地（靶场）；拟订型号研制进度设想；提出型号研制经费概算（含技改、技措费用）及方案阶段经费预算；组织可行性论证预审工作；与军方签订《研制总协议》，组织论证文件归档。

4．结束标志

该阶段以完成上报可行性论证报告、中央军委（或总装备部）审批下达军兵种提出的《武器系统研制总要求》、与军方签订《研制总协议》为结束标志。

3.2.2 方案阶段

方案阶段是指根据导弹武器系统战术技术指标的要求，通过对多种方案和技术途径的论证、比较、筛选，确定总体和分系统方案的阶段。在此阶段，各分系统要进行模样设计和原理性试验，以装出弹头、弹体部段模型和发动机试车初步成功为标志，验证总体方案的正确性，并且还要确定大型地面试验和飞行试验方案、验收方案以及经费分配等。

1．主要任务

该阶段的主要任务是完成方案论证、方案设计和模样研制，拟订大型试验初步方案。

2．主要依据

该阶段的主要依据有：国家（国务院或中央军委）批准的《武器系统研制总要求》、与军方签订的《方案阶段研制合同》以及相关的标准、规范、法规等。

3．主要工作内容

该阶段的主要工作内容包括方案论证工作、方案设计和模样研制工作。

方案论证工作包括：论证选择总体方案；估算战术技术指标和协调各分系统指标要求；协调型号初步要求，选择确定技术方案；协调型号试验要求，规划大型地面试验和飞行试验初步方案；拟定可靠性设计准则；拟定标准化要求；解决关键技术和审定方案。

方案设计和模样研制工作包括:编制型号方案设计准则;编制方案阶段研制程序;设计、协调总体方案,提出分系统技术状态要求;确定总体方案,计算与分配主要战术技术指标;提出(会签)方案设计任务书;研究精度分析方法;制定可靠性保证大纲,进行可靠性设计和可靠性指标分配,提出可靠性检验验证方法;制定质量保证大纲,电磁兼容性大纲,标准化大纲,型号安全性大纲,元器件、原材料选用要求,工艺性大纲,维修性大纲及软件质量保证大纲等纲领性文件;完成型号方案设计;拟订各研制阶段大型试验项目和初步方案;编制靶场建设要求和测控要求等技术文件;模样产品设计和试制;导弹分系统提供主要结构参数和模型;全尺寸模型弹设计、生产、总装;关键技术攻关;方案原理性试验;配套特种车辆等通用大型地面设备选型;提出关键设备、原材料、元器件项目并落实解决途径;关键工艺和检测计量技术攻关;初步确定主要产品(配套件)试制生产单位;提出型号研制必须解决的技术改造、技术措施项目;编制方案设计报告以及技术文件归档。

4. 主要管理工作

该阶段的主要管理工作有:与军方签订《方案阶段研制合同》;建立型号行政指挥系统和技术指挥系统,组织研制队伍;编制型号研制计划和方案阶段计划网络图;落实新型元器件、原材料研制供应单位和各种研制保障条件;建立质量保证体系,制定质量与可靠性保证大纲;建立标准化工作体系,制定标准化工作计划;编制方案阶段经费决算和工程研制阶段(年度)经费预算;组织方案评审以及组织技术文件归档。

5. 结束标志

该阶段以涉及型号方案的技术关键基本解决、设计方案经模样验证得出肯定结论、完成全尺寸模型弹总装、完成方案评审等四项工作为结束标志。

3.2.3 工程研制阶段

导弹武器系统的工程研制阶段一般又可分为两个阶段,即初样阶段和试样阶段。

初样阶段的任务是把方案阶段确定的各系统方案变为实际的样

机,并突破关键技术,对方案设计进行验证和补充,确定技术状态,为试样提供准确的设计依据。在这一阶段,各分系统进行初样设计、单机生产、单机试验和分系统的初样综合试验,进行发动机在各种环境条件下的地面试车;总体进行初步设计,装出模样弹,进行全弹静力、气动、分离、全弹振动、晃动、瞄准、全弹初样综合匹配试验以及通信总体等地面大型试验。

试样阶段是在初样研制和试验的基础上,进行协调设计,形成完整、确切的总体设计。在试样阶段,进行全系统和分系统试样研制,对试样产品(包括软件)进行单机试验、分系统综合试验和全弹的综合匹配试验、电磁兼容性试验和仿真试验以及发动机与伺服机构联合试车等大型试验。在此基础上,生产靶场合练弹和飞行试验的试样产品,实施靶场合练和飞行试验,对产品的性能进行全面的检验。

1. 主要任务

该阶段的主要任务是完成初样、试样研制和试验及部分定型鉴定试验。

2. 主要依据

该阶段的主要依据有:中央军委(或总装备部)下达的《研制任务书》和国家下达的指令性计划、与军方签订的《工程研制阶段合同》以及相关的标准、规范、法规等。

3. 主要工作内容

该阶段的主要工作内容包括初样研制与试样研制。

(1) 初样研制

1) 进行初样产品研制和试验,验证设计和工艺的正确性、可靠性和系统的协调性,为试样研制提供依据。主要有以下工作:编制型号初样研制程序;编制型号工程研制阶段设计准则;型号初样设计,确定主要性能参数;提出(会签)初样研制任务书;验证精度分析方法;确定初样大型地面试验方案;制定试验大纲;提出飞行试验方案;进行初样各项试验;可靠性设计;标准化设计;完成试制工艺和工装准备,进行产品试制;型号技术协调,模样弹、振动弹总装;提出初样技术状态表,编制计划和实物配套表;根据试验和数据统计,评估可靠性指标;试验靶场首区、航区、末区勘察和靶场建设;编写初样研制报告;初样技术文件归档；确定试验技术状态和大型地面试验方案；初步拟订定型鉴定性试验项目及方案；提出（会签）试样研制任务书。

2）初样试验是验证设计和工艺质量，获取性能参数，初步评估可靠性指标。初样试验的试验项目一般包括：全弹振动试验；电磁兼容试验；瞄准试验；分离试验；导弹、发射车（发射筒）协调性试验或导弹、潜艇（含发射筒）协调性试验；陆上或水下发射模型弹试验；风洞试验；全武器系统电气匹配试验；分级运输试验以及各分系统试验（含电气系统综合试验，弹体结构静动力试验等）。

3）初样阶段的主要管理工作包括：组织签订《工程研制阶段合同》或《研制总协议》；完善型号行政指挥系统和技术指挥系统，充实加强研制队伍；组织各项研制、试验工作；确定研制、生产分工及配套生产点；落实元器件、原材料供应渠道等研制保障条件；初样经费决算；组织初样研制评审等。

4）初样阶段的结束标志：完成模样弹、振动弹总装和各项大型地面试验；提出飞行试验方案；完成初样研制评审；确定试样技术状态，提出（会签）试样研制任务书。

（2）试样研制

1）进行试样产品的研制和试验，要全面考核工程研制阶段的设计和工艺，检验武器系统工作的协调性、可靠性和战术技术指标的可实现性，为型号定型提供技术依据。试样研制的主要工作内容包括：型号试样设计；提出精度分析报告；提出试样技术状态表，编制计划、实物配套表；试样产品生产和试验；编制总装厂、靶场和作战使用等技术文件；靶场建设验收；合练弹、遥测弹、贮存弹总装测试；提出飞行试验大纲；提出作战阵地建设要求；提出定型鉴定性试验大纲；完成试样阶段地面试验和飞行试验，提出各项试验结果分析报告；编制试样研制报告；进行部分定型鉴定性试验；试样技术文件归档以及提出型号定型准则，编制型号定型工作程序等。

2）试样的主要试验有：单机、部组件和分系统可靠性验收试验；各电气系统综合试验；火工品可靠性验收试验；电磁兼容性试验；全武器系统电气系统匹配试验；发射全尺寸模型弹试验；导弹、发射车协调性试验或导弹、潜艇协调性试验；合练试验；精度试验；运输试验；贮存试验；飞行试验以及部分定型试验。

3）试样阶段的主要管理工作包括：组织各项试样研制、试验工作；按要求完成飞行试验前各项质量工作；组织飞行试验和试验大纲的编写和审查，组织工程研制评审。

4. 结束标志

该阶段以完成飞行试验并满足大纲要求、工程研制评审、提出定型技术状态为结束标志。

3.2.4 定型阶段

定型阶段是接受国家鉴定、验收的阶段。根据飞行试验和各种鉴定性试验的结果，全面评定导弹武器系统的性能指标，进行设计和工艺定型，资料归档，并转入批生产，装备部队。

1. 主要任务

该阶段的主要任务是完成定型鉴定试验和设计定型、工艺定型。

2. 主要依据

该阶段的主要依据有：《研制任务书》和指令性计划；与使用部门签订的《定型阶段合同》；经上级批准的定型计划以及相关的标准、规范、法规等。

3. 定型鉴定试验

定型鉴定试验是全面考核、检验型号研制任务书规定的各项战术技术指标，并接受国家（用户）鉴定和验收的过程。

定型鉴定试验内容包括：飞行试验；瞄准试验；可靠性、维修性试验；射向变换能力试验；机动性试验；发射准备时间试验；使用环境试验；夜间操作与发射能力试验；野战条件待机试验以及运输试验（包括公路、铁路、空运、海运等项，可视型号选取）。

定型鉴定试验贯穿于工程研制和定型阶段的全过程，定型鉴定飞行试验应尽可能同试样研制飞行试验结合进行。定型鉴定试验主要项目完成后，型号总体部提出（会签）定型任务书。

4. 设计定型

在具备下述条件的前提下，可进行设计定型工作：经过试验鉴定，产品性能稳定、可靠，满足《研制任务书》和合同要求；设计文件完整、配套、正确、协调,并符合标准化要求;产品配套齐全;选用的主要原材料、元器件及配套的产品定型。

设计定型的主要技术工作包括:按照定型鉴定地面试验和飞行试验,提出分析报告;按照设计定型技术状态,进行各类产品的设计定型工作;整理、完善设计图样、资料、文件;评定型号战术技术要求;编写设计定型报告;提出型号设计定型申请报告;设计文件归档。

设计定型鉴定工作在二级定委的领导下,由定型工作组主持;主要鉴定内容参照相关标准执行;完成鉴定后,研制部门向两级定委提出定型申请报告。

5. 工艺定型

在具备下述条件的前提下,可进行工艺定型工作:完成设计定型;经试验和使用证明型号工作可靠,质量稳定,符合设计要求;工艺文件完整、配套、正确、协调;工装设备和生产检测、试验条件完整、配套;提出工艺定型报告;生产工艺和生产设施、装备满足批生产要求;配套产品、元器件、原材料由国内定点生产(如确需进口,必须按规定履行相应手续),协作配套点分布合理,能够保证批生产配套供应。

工艺定型的主要工作内容包括:整理完善生产工艺文件;充实完善鉴定工艺装备及专用设备;编写元器件、原材料品种规格及外协配套件消耗定额和工时定额等资料;编写工艺定型报告以及工艺定型鉴定和验收。

工艺定型鉴定工作由承制方总工程师主持,总工艺师负责具体组织实施;按相应标准规定的内容进行;鉴定完成后,由承制方向上级主管机关汇总报两级定委审批。

6. 主要管理工作

该阶段的主要管理工作包括:协同国家定型机构审定定型计划;签订《定型阶段合同》;组织各项定型工作;组织定型鉴定地面试验和飞行试验;组织定型文件编制;组织定型文件标准化审查;审定定型生产厂(单位);编制型号经费决算,计算型号成本,作出投资分析以及组织技术文件归档。

7. 结束标志

该阶段以产品达到《研制任务书》规定的各项战术技术指标要求、

设计定型、工艺定型以及上级批准型号定型为结束标志。

3.3 航天型号系统工程组织管理

在航天型号研制过程中，从论证阶段开始，就需要组建一支型号研制队伍。如何提高研制人员的协作程度和研制工作效率，是型号系统工程组织管理的重要课题。我国航天工作者在不断探索和遵循型号研制规律的基础上，科学运用系统工程的原理，凝练出了一套科学的研制组织管理体系，即“两条指挥线”。

3.3.1 “两条指挥线”的历史、现状与发展

在航天型号系统工程研制发展过程中，建立“两条指挥线”的组织管理体系，经历了实践、认识、再实践、再认识的深化过程。在航天事业发展初期，由于缺乏管理经验，加之仅从事仿制工作，对设计师系统的重要作用重视不够，仅仅采用了党委领导下的行政首长负责制，即行政指挥线。

在仿制苏联 P－2 导弹取得进展的基础上，航天型号研制转入了自行设计阶段，仅仅依靠行政指挥员决策的组织体系越来越多地暴露出诸多不足。特别是在 1962 年第一个自行设计的“近程运载火箭”首次飞行试验失败后，广大航天科技工作者对航天型号研制的特殊性以及其内在规律进行了认真总结。在此基础上，同年 11 月，《国防部第五研究院暂行条例》出台。该条例对设计师系统的建立与职责作了明确规定，确定了由各级设计师组成的技术指挥线，再加上原来的行政指挥线，形成了“两条指挥线”的原型 。

这一管理体制经过多年实践逐步得到完善，成为当时贯彻落实工程项目研制中的技术责任制、提高工作效率、加快研制进度的重要组织保证。但是在“文革”期间，“两条指挥线”遭到了严重的干扰与破坏。

“文革”结束后，经过整顿、规范，“两条指挥线”得以重新恢复。张爱萍同志主持原国防科工委工作以后，“两条指挥线”在国防科技工业部门中得到推广应用。特别是在 1984 年 4 月，国务院、中央军委发布

了《武器装备研制设计师系统和行政指挥系统工作条例》,将"两条指挥线"以法令的形式加以确定。该条例对加强研制工作技术责任制,提高研制管理工作效率,缩短研制周期,节约研制经费,保证质量,加速我军武器装备现代化建设起到了重要作用。同时,该条例对设计师系统与行政指挥系统的组成、各自职责以及两个系统之间的工作原则和工作关系都作了明确规定。

在"两条指挥线"形成之初,由于当时的行政指挥人员大多在技术方面较弱,所以在型号研制过程中主要从事思想政治、后勤保障方面的工作,而型号研制的计划、调度、指挥工作大多由技术人员承担。

随着航天事业的不断发展,越来越多的科技工作者走上行政领导岗位,并担任了各类型号的各级行政指挥职务。随着国际交流的增多,国外项目管理的成功经验与管理方法逐渐为各级管理者所接受与掌握,行政指挥系统的工作范围与职责随之进一步扩大,作用不断加强,逐渐形成了当前总指挥负责制的准项目管理模式。这种模式适应航天型号研制发展的要求,被世界各航天强国普遍采用。

当前,随着国家航天型号的快速增加,航天企事业单位出现多型号并行研制生产的局面,项目管理逐渐被引入航天系统工程组织管理体系中,并取得了一定成效,特别是在载人航天工程中,取得了令世人瞩目的成绩。可以认为,在可预见的将来,项目管理在航天系统工程管理中会应用得越来越广泛,除国家重大工程项目外,项目负责人将会逐步取代目前行政总指挥的角色,而"两条指挥线"也会逐步演变成为航天型号系统工程研制项目团队。所有这些,都将会推动航天型号系统工程研制工作的进一步发展。

3.3.2 "两条指挥线"的组成

1. "两条指挥线"的结构

如前所述,"两条指挥线"是指以行政指挥系统(即行政指挥线)与设计师系统(即技术指挥线)为主干的航天型号系统工程研制组织管理体系。为加强型号研制的质量管理和工艺控制,在系统组成中设置质量师系统和工艺师系统,管理关系随着型号和单位的习惯不同而不同。在有些型号中,质量师系统与工艺师系统由行政指挥系统领导;

也有部分型号,质量师系统与工艺师系统由设计师系统领导。两条指挥线的结构如图 3-1 所示。

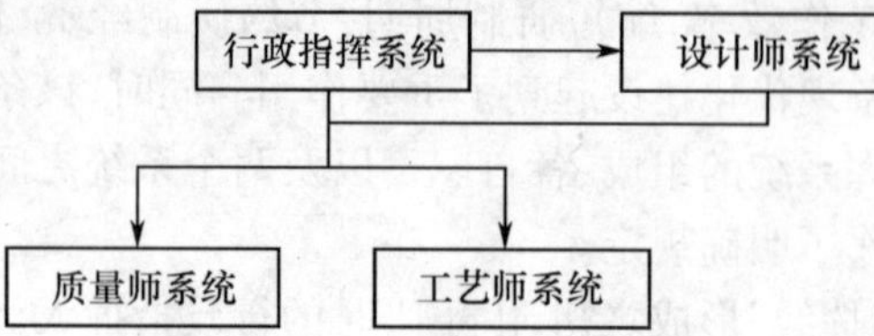

图 3-1 “两条指挥线”结构图

2. “两条指挥线”的岗位设置

根据航天型号系统工程研制工作的需要,工作岗位设置要做到科学、合理,并实行定岗、定职、定编、定责。“两条指挥线”一般分为以下 6 个系列,可在不同型号研制工作中取舍。

1) 设计师系列:型号系列总师、总设计师、副总设计师、主任设计师、副主任设计师、主管设计师、副主管设计师、设计师。

2) 行政指挥系列:总指挥、副总指挥、指挥、副指挥、主管调度、调度。

3) 工艺师系列:总工艺师、副总工艺师、主任工艺师、主管工艺师、工艺师。

4) 质量师系列:总质量师、副总质量师、主任质量师、主管质量师、质量师。

5) 行政管理系统:各级管理人员,从院长到基层办事人员,都将根据需要担任上述系列中的某项职务,未承担型号职务的人员将在其工作岗位上负责综合管理与服务。

各级管理人员主要包括院长、书记,副院长、副书记,所(厂)长、书记,副所(厂)长、副书记,研究室主任(处长、车间主任)、支部书记,研究室副主任(副处长、车间副主任),主任科员、副主任科员、工程组长、课题组长,科员、办事员。

6) 生产工人岗位系列:高级技师、技师、高级工、中级工、初级工。

3. “两条指挥线”的岗位要求

对型号研制人员总的要求是热爱航天事业,责任心强,处事公正,身体健康，善于协同配合，具有较强的团队合作意识、质量和产品保证意识，具备履行相应职责的实际工作能力、业务知识与技术水平，有从事型号研制工作的经历。但由于总指挥、副总指挥，总设计师、副总设计师，总工艺师、副总工艺师，总质量师、副总质量师，行政指挥，主任设计师、副主任设计师，主任工艺师、副主任工艺师，主任质量师等岗位职责不同，其具体的基本任职资格和条件亦有所不同。

3.3.3 “两条指挥线”的运行

“两条指挥线”的运行，是在两条指挥线上的“四总”等履行各自岗位职责、各条线各层级的岗位职责协调衔接、构成岗位职责综合体系的前提下和谐进行的。

1. “两条指挥线”主要组成人员的岗位职责

(1) 总指挥的主要职责

行政总指挥的岗位职责在不同的历史时期有所不同，综观历史，可归结为以下几点。

1) 在直接行政领导的领导下，对其主管的型号研制工作负全责，在单位统一协调、综合平衡的前提下，对与型号有关的人、财、物等资源实行有效的协调管理。

2) 根据型号研制任务，负责组织审定由设计师系统提出的研制流程和总体方案。

3) 根据型号研制任务及上级有关规定，负责提出任务分工、外协定点和重大技术改造措施的建议，报主管部门审定、落实，并负责协调跨部门、跨建制型号研制中的重要问题。

4) 负责组织编制型号研制的总体计划、阶段计划、专题计划和年度计划，提出引进计划和技术措施计划。

5) 负责组织编制型号研制经费总概算、年度预算和决算，报主管部门审定。

6) 负责组织计划调度，督促检查研制计划实施情况，组织、协调、落实研制队伍、经费、技措和外协配套等保障条件。

7) 与有关部门协商，向上级提出试验计划，负责型号试验的组织实施。

8）作为型号质量、安全的第一负责人，组织制定并实施型号产品保证大纲，负责审定、落实各项质量管理、安全管理规定和要求，负责组织型号研制的工艺攻关和重大质量问题的处理，对最终产品质量和安全工作负责。

9）组织检查型号系统领导干部的工作，参与对型号领导干部的考核，并提出奖惩、升降及调整的建议。

10）会同有关部门搞好本型号队伍建设。

副总指挥协助总指挥工作，负责对上述有关工作进行组织和落实。

总指挥对其主管的型号向直接行政领导负责，副总指挥和指挥向本单位的主管领导和上级指挥负责。

（2）总设计师的主要职责

总设计师的岗位职责随历史进展逐渐有所充实，总设计师的主要职责可归结为以下几点。

1）在总指挥的领导下对型号的研究、设计、试验、试生产等技术工作负全责，协助总指挥对与型号研制生产技术有关的人、财、物实施有效的协调管理。

2）根据型号研制任务书的技术要求，负责审查型号技术指标，组织总体技术方案论证并对型号总体方案负责。

3）负责在型号研制中贯彻通用化、系列化、组合化的原则，充分借鉴和学习其他型号的研制经验，积极采用成熟技术，合理选择技术途径，确定各阶段技术状态，集体评审并优选总体技术方案，与总指挥、总工艺师、总质量师共同会审并确定技术方案，参与研制、技措、引进和攻关计划的编制等。

4）根据型号研制任务书，提出研制程序，组织编制、审查型号技术流程，确定各系统的研制任务书，组织型号设计，负责总体和分系统方案设计的审查。

5）负责审定并签署本型号研制中的大系统接口及重要技术文件、分系统之间主要技术接口参数和分系统研制任务书，负责组织拟制设计定型技术文件等。

6）在型号研制过程中，负责组织制定设计准则，组织分配和落实可靠性、安全性指标，进行可靠性和安全性设计，负责技术状态管理和产品设计质量。

7）与总指挥、总工艺师、总质量师共同审查型号研制中的技术攻关项目和工艺攻关项目，协调解决型号研制过程中的重大技术问题和设计、工艺、生产、试验方面的质量问题。

8）负责组织协调解决本型号总体技术问题、总体与各分系统之间和分系统与分系统之间的技术接口问题。

9）负责组织下级设计人员研究解决各种技术问题和质量问题，按职责权限审定处理意见。

10）提出型号研制、试验和重大技术改造的技术保障要求。

11）组织型号大型试验技术方案论证，组织制定试验大纲及对靶场的要求，并负责处理试验中的有关技术问题。

12）检查设计人员的工作，参与下级设计人员的考核，提出奖惩、升降、调整的建议，会同有关部门搞好本型号队伍建设。

副总设计师协助总设计师主管型号工作，向本单位主管领导和总设计师负责。

（3）总工艺师的主要职责

随着型号研制复杂性的不断增加，技术及质量可靠性要求的不断提高，对工艺技术及管理的要求也越来越高。工艺是保证产品和研制质量的重要环节，必须加强和规范预先研究、型号研制及批生产工作中工艺师队伍的建设和管理，健全工艺工作技术岗位责任制，确保工艺技术指挥渠道畅通，在“两条指挥线”中，突出了工艺师的作用，建立了工艺师系统。其中总工艺师的主要职责如下。

1）贯彻执行国家有关技术政策、法规、标准和航天系统的有关规定、办法、程序，组织编制工艺管理的规章制度，监督、指导所属单位的工艺工作。

2）主持制定本单位工艺技术改造及新技术研究的有关规划，负责对其重大技术方案进行审查。

3）负责组织编制型号产品工艺总方案，对工艺预先研究、工艺技术准备、重大工艺技术攻关、工艺（生产）定型、工艺优化等型号工艺工作进行技术审查。

4）负责本单位年度工艺工作计划和各型号工艺专项计划的技术审查。

5）协调下属单位之间、工艺与设计之间的重大工艺技术问题。

6）参与型号设计方案制定与审查等工作。

副总工艺师向总工艺师负责，根据总工艺师的安排，协助总工艺师工作，并向本单位技术领导负责。

（4）总质量师的主要职责

为了更好地贯彻“质量第一”的方针，保证型号研制工作的顺利进行，加强型号研制过程中的质量策划和管理工作，强化型号研制质量职责，规范型号质量师的设置与运行，在“两条指挥线”中，建立了质量师系统。其中总质量师的主要职责如下。

1）领导质量师系统按照用户对产品的质量要求，组织开展对产品研制生产各阶段质量工作的规划与计划，组织制定型号质量、可靠性、标准化、计量等保证大纲和相关质量文件。

2）组织方案论证、产品设计、试制、试验、产品质量评审，进行质量会签，在对研制过程实施质量控制的基础上，强化各阶段的质量控制，对各项评审中遗留的设计和质量问题进行跟踪和归零管理。

3）建立并运行型号故障报告、分析与纠正措施系统，组织型号质量与可靠性信息的收集、传递、处理、存储和分析。

4）为型号研制人员使用质量可靠性工具和方法提供技术支持。

5）负责对型号研制全过程中质量规章的执行情况进行监督、检查和审核，对违反研制程序或质量管理规定的行为及时报告型号两总，针对发现的问题提出整改建议，并监督改进情况。

6）协助型号总指挥开展型号质量考核与奖惩工作。

7）根据型号批生产工作的需要，开展型号批生产质量策划。

型号副总质量师协助总质量师负责分管范围内的相应工作，组织开展型号总体设计或分系统研制质量策划，编制质量保证大纲和相关质量管理文件，并承担型号总质量师委托的其他工作。

2．在“两条指挥线”和谐运行中需要正确处理的几个关系

“两条指挥线”中的行政指挥系统与设计师系统在主管部门领导下各负其责，和谐工作。型号总指挥是研制工作的总负责人，指挥系

统要支持各级设计师行使职责，协助做好技术协调，采取有效措施保证技术决策的实现，总设计师在行政总指挥的领导下，对设计技术和设计的正确性负责。研制工作在型号总指挥的统一组织领导下进行，设计师系统应当及时从技术上为各级指挥工作的进行提供可靠的依据。

根据系统工程原理与型号研制系统特征，"两条指挥线"在工作中必须正确处理以下关系。

(1) 局部与全局的关系

局部要服从全局。完成型号研制任务是全局，两个系统都要从全局出发，紧密配合，努力实现型号总体要求。

(2) 技术状态的稳定与技术改进的关系

产品研制的过程是多个阶段、多个分系统研究、设计、试制、试验，不断完善，最后达到定型要求的过程。"两条指挥线"要严格按型号研制程序和计划完成各阶段的研制任务，只有完成本阶段研制任务，才能转入下一阶段；经过总体验证可行的技术状态，应予以固定；经过试验已达到设计指标要求的分系统或产品，应冻结技术状态；已经确定的总体与分系统，分系统与部、组件的接口参数不得任意变动；确需变动的，应当逐级办理审批手续。产品定型后，其技术状态一般不允许再进行更改；由于原材料、元器件供应中断及其他原因必须更改时，要按批准权限提高一级审定。由于技术要求或战技指标要求改进的部分，要按照"确实需要、充分论证、有益无害、各方认可、审批完备"的要求进行，不可擅自决定。

(3) 技术民主与集中的关系

在工作中应当充分发扬技术民主，以利于发挥各级各类人员的积极性和聪明才智。制定总体和各级产品设计方案、处理重大设计问题时，均应请有关单位参加，并充分发扬技术民主，共同进行分析论证，总设计师要集中大家的意见，做出决定；对协调不一致的技术问题，总设计师做出决定后，各级均应认真贯彻执行。下级设计师在处理接口及指标分配等问题时，应当服从上级设计师的决定，不得各行其是。设计师对其设计中的问题和需要进行的变更应无保留地向上一级设计师及时报告或备案，得到批准后方可进行，不得擅自作出决定。

(4) 先进性与合理性的关系

各级设计师都要保证型号总体的先进性和全局的合理性，从考虑产品设计先进性和全局的合理性出发，在满足任务及要求前提下，尽量采用成熟的先进技术和已定型的产品，不能片面追求局部的先进性。

(5) 研制进度与质量的关系

"两条指挥线"应按规定的质量和进度完成任务。在研制工作中坚持质量第一的方针，严格遵循研制程序，不片面追求进度；也不得无意义地增加试验数量，贻误研制进度。在质量与进度发生矛盾时，坚持进度服从质量、以质量保进度、以质量促进度的原则，在保证质量的前提下，努力满足进度要求。

(6) 设计与工艺的关系

设计单位和生产单位应紧密配合，共同保证设计方案的实施。各级设计师要充分注意设计中所提工艺要求的先进性、经济性、合理性，尽可能避免因工艺、操作上的问题使产品性能下降或失效；工艺部门必须认真按照设计要求进行工作，从工艺上保证产品符合设计要求。对设计中考虑不周或难以实现的工艺要求，工艺部门应当提出意见；设计与工艺发生矛盾而影响试制时，设计师应当与有关人员共同协商解决，或报请上级设计师研究决定。

(7) "两条指挥线"与使用部门的关系

型号研制是为了满足部队和国防建设的需要，因此"两条指挥线"要树立并教育全系统形成为使用单位、为用户着想的思想。型号研制单位和使用部门既是国家指令性计划的执行者，又是型号研制合同的当事人，"两条指挥线"和使用部门应当大力协同，相互支持，努力完成型号研制任务，"两条指挥线"在制订研制方案时，应当充分听取使用部门的意见。战术技术指标和研制方案一经上级批准，不得轻易变动；确需改动的，须经双方充分协商后，报原批准机关批准。"两条指挥线"与使用部门关系融洽，协调良好，能加快型号的研制进程。

(8) 继承与创新的关系

在型号研制中坚持走"基本型、系列化"的道路，是一条多快好省的型号研制之路。即使是基本型，也应当尽量继承现有的研究成果。

同时,型号研制是为了满足未来使用要求,要大胆采用经过试验验证的先进技术,以保证型号系统性能的先进性。

3.4 以系统工程理论为指导建设总体设计部(所)

50多年来,坚持以系统工程原理为指导,在建设研究院、基地的同时,重点进行航天型号系统工程的技术组织机构——总体设计部(所)的建设,这是我国航天型号科研工作在技术和管理实践中创造出来的行之有效的宝贵经验,是中国航天自力更生、实现跨越式发展、跻身世界先进行列、取得举世瞩目重大成就的关键所在。

3.4.1 总体设计部(所)的技术管理职能

总体设计部(所)是按照型号特有规律设置的,是型号研制的龙头,负责型号研制的论证、技术抓总与协调,也是型号系统工程综合集成、实现型号性能优化的技术参谋部。航天型号工程的研制工作必须适应武器装备发展趋势和其本身特有的规律,因此要求必须加强总体设计部(所)建设,提高自主技术创新和新型号研究开发能力。

总体设计部(所)由熟悉这个工程大系统各个方面专业的技术人员组成,并由知识面比较宽广的专家负责技术领导。根据任务要求,总体设计部(所)设计的是系统总体方案,是实现整个系统的技术途径。总体设计部(所)要按系统层次性原理,把系统作为它所从属的更大系统的组成部分进行研制,对它所有技术要求都首先从实现更大系统技术协调的观点来考虑;总体设计部(所)又把系统作为若干分系统有机结合的整体来设计,对每个分系统的技术要求都从实现整个系统技术协调的观点来考虑;总体设计部(所)对研制过程中分系统之间的矛盾、分系统和系统之间的矛盾,都从总体协调的需要来考虑,进行总体分析、设计和协调,并采用系统建模和仿真技术,包括数字仿真和半实物仿真,以实现系统方案的整体优化。

3.4.2 总体设计部(所)的管理体制和职责

1. 总体设计部(所)的管理体制

总体设计部(所)是型号研制工作的龙头,是型号研制工作的总体设计、技术抓总、总体技术协调以及技术决策的核心单位。能否明确界定总体设计部(所)的责权利,能否优化总体设计部(所)的组织结构和职能,能否实现总体设计部(所)与院、基地或型号总承包单位利益的高度一致,取决于总体设计部(所)的管理体制,关系到航天型号任务的全局。根据各院、基地或型号总承包单位的特点,总体设计部(所)在管理体制上,一般为独立事业法人单位编制,实行预算制管理,资源由主管单位统筹解决,在总量控制下,保持适度的管理自主权,在被授权的前提下,可以与军方、分系统等单位签订型号研制的配套和协作合同。

2. 总体设计部(所)的主要职责

总体设计部(所)负责航天型号与系统总体相关的基础研究、探索研究和预先研究工作。组织开展航天型号系统总体及相关技术的概念研究、方案研究、可行性论证、关键技术攻关、演示验证试验和项目的技术抓总工作。参与型号质量保障体系、产品保证体系的建设,并在其中发挥系统总体的技术支持、技术咨询、技术服务及技术协调等作用。

总体设计部(所)是航天型号发展战略规划和市场开发的技术中心。负责跟踪研究和掌握国内外航天技术发展的动态和需求,开展型号发展战略和发展规划研究,提出航天型号和总体相关技术领域的发展战略及规划。负责开展型号技术创新和专业规划研究,牵引型号各系统的专业发展方向。开展与总体技术相关的核心技术、支撑技术、基础技术的研究。参与型号的市场开发工作,并负责其中的技术抓总、技术支撑等工作。

总体设计部(所)是型号“两条指挥线”决策的技术支撑机构。负责航天型号系统的总体策划、方案论证、总体设计、技术抓总(含任务书制定和下达)、技术协调。参与分系统定点工作和二级合同签订工作,对总体方案的正确性和型号达到的战术技术性能指标及使用要求负责。负责总体与分系统、各分系统之间的界面和接口技术协调工作。优化总体技术方案,为型号两总决策提供技术支撑。

3.4.3 总体设计部(所)的经费保障

航天系统的总体设计部(所)的经费来源和保证,经历了几个不同阶段的变化。建设初期整个国家都实行计划经济,国防工业更是国家全力保证的单位,各项研制开发经费都得到充分保证;改革开放初期,因为总体设计部(所)属于事业单位,经费仍以国家拨款为主;在全国转入以经济建设为中心,军队和国防工业建设进行比较大的收缩,国拨资金远远满足不了生存和发展的需要,开始进行民品开发并实行自负盈亏时,总体设计部(所)也将一些可以自己研制生产的军品留给自己开发、生产,由此也造成了总体与专业厂、所及配套单位的矛盾;上个世纪末,随着国家经济规模的增大和国际环境的变化,需要加大武器系统的开发和国防建设的投入,如果总体设计部(所)仍然沿用原来的办法管理,势必影响国家任务的完成和国防事业的发展,因此有的单位提出预算管理的办法和思路。

在发展方向上,总体设计部(所)的经费要实施全额预算管理制度,以保证总体设计部(所)专心致志地搞好航天型号科研工作的技术抓总和技术协调,专心致志地搞好航天型号总体设计技术工作,不断提高总体技术水平。同时要建立创新基金,满足总体技术概念研究、新型号探索论证和自主投入型号科研工作的需要。

通过上述经费保障,使总体研发单位履行自己的职责,紧紧跟踪国内外航天技术的发展趋势,不断加强需求调研、基础研究、概念研究、型号论证,加大自主创新工作力度,以提高总体单位的技术创新能力和核心竞争能力。

3.5 航天系统工程项目管理

在航天事业的建设和发展中,许多工程任务都是有一定期限要求的一次性项目,特别是航天型号的研制生产,大多属于这类项目。这些项目有一个共同的特点,就是其系统性、一次性、目标的确定性和高科技高风险性。正如前面所述,完成这些项目,国内外已经有了一套较为成熟的组织和管理办法。随着科学技术的发展,特别是计算机技术、网络技术以及信息技术的高速发展,管理职能分散的运行方法已经显现出许多的不适应,特别是遇有复杂的大系统工程项目,采用集中统一管理、集中指挥的体制和运行模式势在必行。20世纪60年代初,出现了项目办公室或型号办公室的组织形式,项目经理(主任)是其唯一的管理负责人,于是逐渐形成了"项目管理"的理论和方法。1965年欧洲国际项目管理协会成立,1969年美国项目管理协会成立,1991年中国项目管理研究委员会成立并于1996年加入国际项目管理协会。项目管理作为一门新兴的管理学科,正在迅速发展之中。把一般的项目管理概念与航天系统工程项目实践相结合,形成了独具特色的航天系统工程项目管理理论。

3.5.1 项目的一般特征

项目是在特定条件下、需要完成的有明确目标的一次性任务。项目一般具有如下特征。

1. 一次性

所有可列为项目的工程,都有确定的起点和完成时间,任何两个项目都不可能有完全相同的重复。因此,一个项目完成,其他项目虽然可以借鉴其经验,但不可能照抄照搬。

2. 明确的目标

每个项目的终结,所规定的任务目标一般都要全面实现和完成,包括技术指标、进度指标和经济指标以及质量安全等要求。

3. 成员的临时性和组织形式的开放性

项目的组织和职能随着项目的进展而不断变化着,人员、人数也随之而变,当项目完成后,项目的组织和人员也要随之解散。参与项目的单位数量根据项目的特点不同也有所不同,有的几个、有的十几个、几十个甚至成百上千个,通过合同、协议连接起来,没有像具体单位、企业那样严格的界限。

4. 成果的不可挽回性

项目不同于其他事情,坏了可以重新再来,项目必须确保成功,一旦失败将永远失去重新实现原项目的机会。在航天型号系统工程项目中,其技术复杂、难度大、风险大,进行项目管理工作就确实要按照

“严肃认真、周到细致、稳妥可靠、万无一失”的要求，确保“一次成功”。

3.5.2 项目管理的一般概念

1. 项目管理的含义

项目管理是通过项目经理(主任)和项目组织的努力，运用系统理论和方法，对项目及其资源进行计划、组织、协调、控制，旨在实现项目确定性目标的管理方法。

在日常工作中，特别是在航天型号研制中，虽然也运用了系统工程的理论和方法对项目进行管理，并取得了较大成就。但这并非是实行了项目管理，只有按照项目管理的模式、理论和方法对项目进行管理才能称为项目管理。因此，“对项目的管理”和“项目管理”是两个不同的概念。

2. 项目管理具备的主要特征(条件)

(1) 项目管理的组织特征

项目管理是一项复杂的高风险的工作，其组织必须具有权威性。因此其组织的设置原则是需要集权领导并建立相应的项目组织。

项目经理(或主任)在项目管理中起着非常重要的作用。这是因为项目管理实质上是把一个有明确要求的复杂的大系统工程任务交给了项目负责人。因此，项目管理的重要表征是项目是否由项目经理(或主任)全权负责。

(2) 项目管理的技术知识特征

项目本身是复杂的系统工程项目，项目管理需要运用多方面的现代科学技术，需要多学科的知识，工作也需要跨部门跨单位进行组织，而且没有现成的经验可以借鉴。因此充分运用现代科学技术手段和技术成果是非常重要的。

(3) 项目管理的复杂性特征

项目管理是一项非常复杂的工作，其复杂性主要表现在三个方面：一是项目工作本身是复杂的系统工程项目；二是参与项目工作的成员复杂，不仅有本系统的多个单位和许多人员参加，而且有跨系统跨部门的多个单位和各类不同人员参加，其文化素养、经历、习惯各不相同，因此其组织结构较为复杂；三是所处环境、条件复杂多变，项目从开始到完成需要一定的周期,有的时间还比较长,在这段时间内环境条件在不断地发生变化,项目管理必须具有快速反应能力,以适应这种变化。

(4) 项目管理的创新性特征

如前所述,项目是一次性的,成果是不可挽回的,而每一个项目都有其独特的特点,别的项目很难照抄照搬,也就是说不能进行重复性的管理。因此,项目管理一方面要敢于承担必要的风险,同时也要大胆创造,才能实现项目的目标。

3.5.3 项目管理的主要工作内容

项目从立项开始,就要组织好队伍,开展项目的工作,一般项目可分为初始阶段、实施阶段、运行阶段和结束阶段。航天型号项目可按初始阶段、实施阶段、结束阶段划分。

1. 初始阶段

主要完成项目的可行性论证、项目的工作分解、项目的组织机构和相关的各项规定,制定项目的各项计划等。在航天型号研制中一般为可行性论证阶段。

2. 实施阶段

主要完成航天型号项目的方案研制、工程研制(初样、试样)等相关工作。

3. 结束阶段

主要完成项目的鉴定、定型等各项工作。

3.5.4 项目管理的组织结构

组织是完成项目的基本保证。为了进行项目管理,完成项目的计划,保证项目各项工作的进行,必须建立适应项目管理的组织结构。一般根据客观条件及需要选择职能式、项目单列式或矩阵式等组织结构。

1. 职能式组织结构

这是一种较为通用的组织形式,项目的有关事宜由某一个职能部门的负责人(经理)协调解决。在这种组织结构中,如果设置项目领导人,他除了能控制项目的预算资金外并不直接控制人力、设备等资源,需要时要与职能部门负责人协调解决。

这种结构的优点是人员使用上有较大的灵活性,同一部门人员易于交流;缺点是各部门都有自己的日常工作与各自利益,协调较为困难,责任也不够明确,同时跨部门协调交流难度较大,项目对变化了的条件适应性较差。

2. 项目单列式组织结构

以这种组织结构对项目进行管理时,是把项目作为一个独立的单元来完成,项目组织成员经常在一起工作,各项目经理有很大的独立行动的自由和权限。其优点是项目经理和组织成员职责明确,可以全身心地投入到项目中来,同时指挥和沟通比较简洁,效率较高;其缺点是当公司内有多个项目时会造成人员、设备的重复以及资源(特别是重要资源)被分割。

3. 矩阵式组织结构

这是一种职能式与项目单列式结构的混合组织形式。

其优点是由项目经理负责某个项目,有明确的目标要求,同时组织可以覆盖在单位的职能部门上,遇到需要时可以临时抽调所需人员,项目结束后人员仍在其岗位上,引起的震动较小;其缺点是职能部门是项目的决策者,项目经理的权限受到限制,会对项目的部分工作造成一定影响。在矩阵式管理中,某一成员可能会接受项目经理与部门经理的双重领导,有时影响工作效率。

3.5.5 项目经理应具备的条件

项目经理应具备如下管理知识和技能:

1) 掌握财会、研究开发、产品制造等方面的知识;

2) 具有制定战略规划和执行计划的能力;

3) 具有有关组织结构、人事管理、职业培训的知识和能力;

4) 掌握工作关系管理的技能,如组织建设、激励、监督等;

5) 具有自我管理技能。

此外还应具有一定的管理技巧,如:领导、沟通、谈判、对其他组织施加影响等技巧。

参考文献

[1] 沈伯南.飞航导弹系统工程管理[M].北京:宇航出版社,1999:62-63.
[2] 黄春平.运载火箭系统工程管理[M].北京:宇航出版社,1994: 53.
[3] 薛成位.弹道导弹工程[M].北京:中国宇航出版社,2002:279.
[4] 黄瑞松.飞航导弹工程[M].北京:中国宇航出版社,2004:8-11,445.
[5] 金其明.防空导弹工程[M].北京:中国宇航出版社,2004:452-455.
[6] 陈学楚.装备系统工程[M].北京:国防工业出版社,2005:116.

第4章　航天系统工程质量管理

航天系统工程质量管理是指在一定技术、经济和社会条件下，为了成功地领导与组织承担航天产品研发、生产的各类企事业单位，针对所有相关方面的需求，运用先进的系统科学技术、方法和原理，实施并保持持续改进的质量管理体系，保证与不断提高航天产品质量的一系列活动[1]。它的主要任务是建立和运行质量管理体系，决定质量工作的策略、目标和责任，不断提高航天产品研制与生产质量，降低研制和生产风险及生产使用成本，提高经济效益，增强航天产品的竞争力。

4.1　航天系统工程质量管理的地位和意义

当今世界经济发展正经历由数量型增长向质量效益型增长的转变，市场竞争转向质量竞争为主，质量代表了一个国家的科学技术水平、生产水平、管理水平和文化水平。航天产品作为一种特殊的产品，它的质量更是一个国家科学技术和经济实力的集中体现，也充分体现了航天系统工程质量管理的水平，并直接影响到航天产品的质量[2]。用于空间探索的产品的质量，关系到试验的成败，用于国民经济建设和人民生活的产品的质量则直接关系到国家经济发展(如通信、导航卫星等)，军用产品的质量直接关系到部队战斗力的生成和部队的持续作战能力，尤其是在现代高技术条件下的战争中，航天产品质量关系到战争的胜负，关系到广大指战员和人民群众的生命安全，甚至关系到国家的存亡[2]。因此，航天系统工程质量管理是国家和航天企业都十分重视的重大问题。

航天系统工程的质量管理是随着航天科技工业的发展和国家科技水平的提高不断发展、不断变革和不断创新的。经过50年航天型号研制的实践与探索，航天系统工程的质量管理积累了丰富的经验，形成了一套行之有效的型号质量管理办法。各研制单位为保证实现航天产品的高可靠性、安全性、可维修性、经济性、可生产性等，加大了质量管理与质量技术文件的制定、完善、规范和落实力度，都按照2000版ISO 9000系列标准建立了质量管理体系，大部分单位完成了2001版国军标换版工作，使质量规章建设、质量管理体系建设有了新的发展。航天人深刻体会到：质量是生命，成功是硬道理，质量与进度对立统一。

4.1.1 质量是生命

航天科技工业50年的经验教训和未来发展趋势告诉我们：质量是航天型号产品永恒的主题，质量永远是航天事业的生命[3]。

质量是生命。其主要含义是：质量关系航天工程的成败，航天产品的先进性和可靠性，对航天的生存和发展具有决定性的作用。在国家需要的时候，如果研制不出高性能、高可靠性的航天产品，航天事业便失去了生存和发展的根基，更谈不上继续发展；同样，如果不能保证航天产品的高质量，航天企业、航天职工也会失去立业、立身之本。

导弹武器型号、火箭、卫星等产品多是在恶劣环境下使用的产品，有的航天器(如长寿命的通信卫星、科学探测卫星等)，还要求在恶劣环境下长期正常工作。每一个导弹、火箭、卫星工程又是由多个分系统，上万个甚至几十万个元件、器件、零件构成的有机整体，其中一个元器件的故障就可能导致全系统的失败。在我国航天技术发展历史上，由于一根导线折断(或虚焊)造成整个试验失败，由于一个部件失灵而功亏一篑，由于某个细节考虑不周，使整个试验毫无结果的事故都发生过。因此，对航天产品研制这样一个庞大而复杂的工程，这样一个成千上万人集体智慧结晶的工程，如果某一个环节出现质量问题，将会影响整个系统的可靠性和安全性，势必葬送成千上万人辛勤劳动的成果乃至人的生命。这就要求我们要像关注自己的生命一样关注质量，像珍惜自己的生命一样对待质量[4]。

树立“质量是生命”的观点是航天企业生存发展的根本要求，是“国家利益高于一切”的核心价值观的体现，也是员工素养和质量观的具体体现。

4.1.2 成功是硬道理

科学研究是会遇到挫折的，有时可能还会失败，但每次的挫折和失败都是朝着成功的方向前进的。航天产品研制的目标是为了成功，只有取得成功才能证明设想、构思、设计的正确性[5]。

为了抓好“成功”的每一个环节，创造“成功”的条件，确保型号产品研制“成功”，需要抓好以下几个方面的工作。

1．抓好设计

航天系统工程型号产品的固有质量和可靠性首先是设计出来的，设计质量是确保型号产品质量的关键。要把好设计质量关，首先要从设计源头抓起，抓好方案阶段的质量控制，确认各种论证是否充分，方案选取是否科学合理，技术途径是否可行，各种数据、设计图纸资料是否准确无误，型号中各分系统是否协调，接口关系是否正确，型号中采用的新技术、新材料、新工艺等技术关键是否已经取得突破，等等。其次就是要强化型号产品总体设计，把型号产品可靠性指标融入型号战术技术指标设计中，科学合理地分解到分系统及其产品中，并切实保证落实。此外，在型号产品研制各阶段结束时，进行严格的设计评审，组织专家和有关人员对型号产品阶段性设计质量做出审查评价，确保型号设计正确、质量可靠、产品安全。

2．抓好生产质量控制

生产质量控制是确保航天系统工程型号产品优质的又一重要方面。首先是从生产源头把住质量关，对所需元器件、原材料和外购件进行质量控制，并进行严格的筛选、复验、DPA（破坏性物理分析）等，执行严格的出入库制度。其次，是严格工艺纪律，把好工艺质量关，确保生产工艺的稳定性、先进性以及满足设计图纸要求的适应性。第三是生产过程的严格管理和工序的质量控制，严格的生产岗位责任制，执行生产工序过程中的“检验制”、“留名制”，以及关键岗位的“双岗制”和自检、互检、专检的“三检制”，并在型号产品完成后，在反复进行质量复查的基础上进行的“出厂质量评审制”。

3．不断提高全员质量意识

提高全员质量意识，是确保型号产品质量的根本性措施。严格健全质量控制体系，使之既要规范航天人的行为，严格控制质量，又要发挥人的主动性和自觉性。要靠人自觉的质量意识和高度的政治责任感真正执行各项制度。把质量第一的思想渗透到各个工作领域，把各项工作纳入质量第一的轨道，贯彻全面、全员和全过程的质量管理，完善健全质量保障体系，加强全员质量意识教育，提高全员质量观念，是保障航天系统工程型号产品质量的根本性措施。

4．科学、严格地进行各种地面试验

在航天产品研制、特别是新型号的研制中，采用了许多新技术，这些新技术在整个系统中是否协调匹配，对高空等恶劣环境是否适应，研制人员对系统或某些局部的规律性是否掌握，都要靠科学试验进行验证。通过试验真正“吃透技术、吃透状态、吃透规律”，尽量使试验、条件、测试的范围与其真实工作条件接近，保证系统可靠运行。

5．科学管理

完成庞大的航天系统工程必须依靠科学的管理，质量是航天系统工程管理的永恒主题，应始终坚持“质量第一”，“严肃认真、细致周到、稳妥可靠、万无一失”的方针，坚持“一丝不苟、分秒不差”和“严、慎、细、实”的工作作风。从航天型号产品研制初始，工程管理人员就必须紧紧把握住科学管理这个关键，根据工程的特点和当时的环境条件，采取系统管理、项目管理、并行工程、可靠性工程等管理模式、方法和措施，减少中间环节，节省时间，节约经费支出，保证航天型号产品研制的进度。目前航天型号产品的批生产对质量提出了更加严格的要求，为实现“零缺陷、零故障”的目标，要求研制队伍把“成功是硬道理”的意识摆在整个研制工作的首位，实施严格的质量管理。在研制过程中，严格把关，不放过任何一个疑点。发展航天事业须坚持以质量管理为核心，不断推进管理创新。航天型号系统工程要取得成功，除了不断进行技术创新，持续改进研制条件、试验条件外，还必须坚持管理创新。

这一次成功不能代表下次成功，99.9%的成功率都意味着存在可能失败的因素。对航天人来说，成功只是以前工作的结果，是争取下一次成功的起点，是实践“万无一失”的新的挑战和考验。在整个航天事业中，在高科技、高风险的重大系统工程项目中，每个人都要认真履行“国家利益高于一切”的责任与使命，一切为了成功，用成功来报效祖国，不断强化科学管理，做到一丝不苟和分秒不差。

4.1.3 质量与进度对立统一

国防建设对高新武器装备的需求十分急迫。不管是研制型号，还是批生产型号，进度之紧、数量之多都是非常规组织管理所能完成的，由此形成“跨阶段并行交叉作业”、“主动出击”或“紧急放行”等，这对某些航天型号是必要的，但是都必须保证研制生产质量。工作思路和方式变了，但质量要求不能变。没有质量就没有进度、没有数量。当然，没有进度和数量，质量也就失去了意义。两者应有机地统一起来。

“军工产品,质量第一”。质量与进度、数量发生矛盾时,后者必须服从前者。历史的教训值得重视,影响进度的往往就是技术问题,归根结底还是质量问题。不按程序走,过程控制不严,地面试验不充分,故障归零不彻底,急于求成,反而欲速不达,结果是拖延了进度,质量也就无从谈起。

坚定不移地“以质量促进度,以质量保成功”。在一段时间内,为提高质量,改善管理,可能暂时会使进度放慢,但其回报是巨大的,一段时间后,进度必然加快,并形成良性循环,按时、保质和保量地完成任务就能够实现。

所谓质量第一,就是要坚持全面质量管理的思想,以质量为中心开展航天产品的研制、生产、试验等各项工作,综合平衡好性能、可靠性、维修性、经济性等各项指标,通过不断的质量改进,确保产品的研制成功。因此,树立“质量第一”的观念就意味着要进行系统管理和预先控制,做好综合权衡,将质量、进度和数量有机地统一起来。当质量和进度产生矛盾时,把质量摆在第一位,这就是坚持了“质量第一”。而实际上质量与进度经常产生矛盾,究其原因,往往是由于未真正树立“质量第一”的观念。

ISO 9000 把质量定义为反映实体满足明确或隐含的需要能力的特性总和。当代的质量观念已经把产品质量内涵从狭义扩展到包括性能、寿命、可靠性、维修性、安全性、保障性、经济性、用户满意性等在内的广义质量概念。将质量管理从抓生产过程、生产进度,延伸到抓设计开发、生产安装和服务全过程的管理,强调质量、成本、进度三位一体,通过质量管理来达到降低成本、提高生产率、节省投资、加快进度的目的。航天产品,质量第一,质量与进度、数量发生矛盾时,后者必须服从前者。树立起“质量第一”的观念,实施系统管理,不因进度而影响质量,才能真正提高航天产品的质量[6]。

4.1.4 质量管理的系统工程过程

依据型号武器系统研制程序的阶段划分与工作内容，质量管理可分解为不同阶段的质量管理。论证阶段质量管理是对主要战术技术指标及可行性论证进行的质量管理；方案阶段质量管理是对方案论证、方案设计和原理样机研制试验进行的质量管理；工程研制阶段质量管理是按照初样、试样（试验装置）研制和试验进行的质量管理；设计定型阶段质量管理是对设计定型试验与设计定型进行的质量管理；生产定型阶段质量管理是对试生产、工艺定型、生产定型试验与生产定型进行的质量管理。质量管理的系统工程过程如图4－1所示。

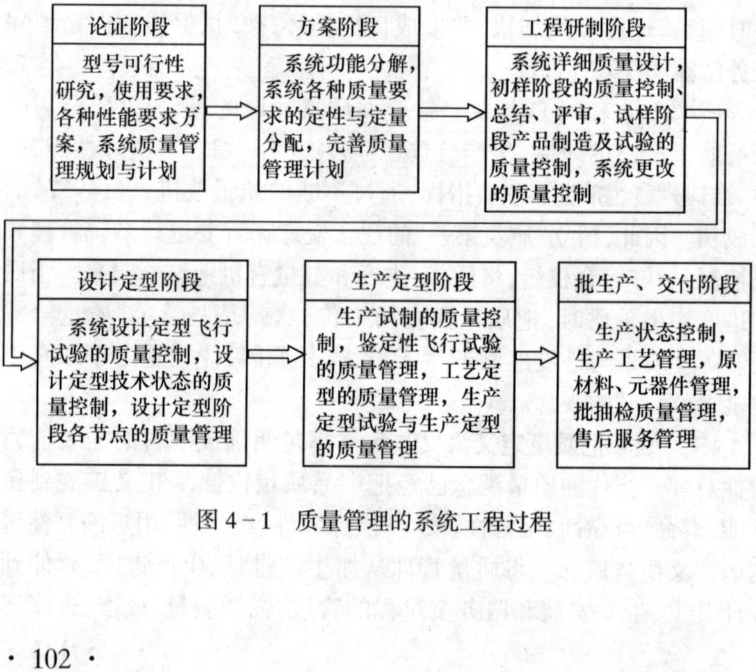

图4－1　质量管理的系统工程过程

4.2 航天系统工程质量体系建设

航天系统工程质量管理体系是随着航天科技工业的发展和航天产品性能的要求进行建设的。1999 年以前,按照原国防科工委颁发的《军工产品质量管理条例》(下称《条例》) 进行建设,并取得了一定的工作效果。《条例》基本与《ISO 9004:1994》相类似,是以美军标 MIL-Q-9858A 为主要参考标准、结合当时我国国情以及融合了全面质量管理的思想和方法而形成的。1999 年以后,按照 ISO 9000:2000 的规定,同时贯彻执行国防科工委和航天系统有关质量工作的"三十条"、"十八条"、"七十二条"、"二十八条"、"质量问题归零双五条"和"可靠性工作十七条"等管理文件,实施 2001 版的 GJB 9000 标准。

通过航天型号研制过程的实践,基本形成了一套比较规范的航天系统工程质量管理体系,如图 4-2 所示。该体系是以系统科学理论为指导,以大系统控制论、航天型号研制质量管理实践为基础而建立的有效的、完善的航天系统工程质量管理体系。在航天型号研制方案阶段要确定质量管理的基本思想、目标和职责,在初样阶段、试样阶段

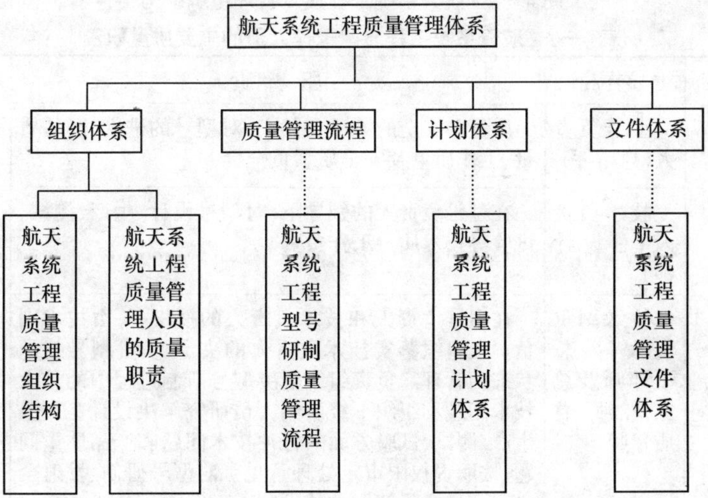

图 4-2 航天系统工程质量管理体系

以及试验靶场组织发射过程中通过质量策划、质量计划、质量控制和质量改进等,全面实施航天系统工程的质量管理职能。[1]

航天系统工程质量管理在型号方案阶段明确规定型号管理组织的质量职责、权限和相互关系,明确规定内部组织机构中各项质量职能在型号管理中的工作任务、程序及各型号管理的相互关系,并明确产品保证负责人在总指挥领导下负责策划、组织、协调和实施产品保证工作。航天系统工程质量管理组织结构如图4-3所示。航天系统工程质量管理人员的主要质量职责见表4-1。

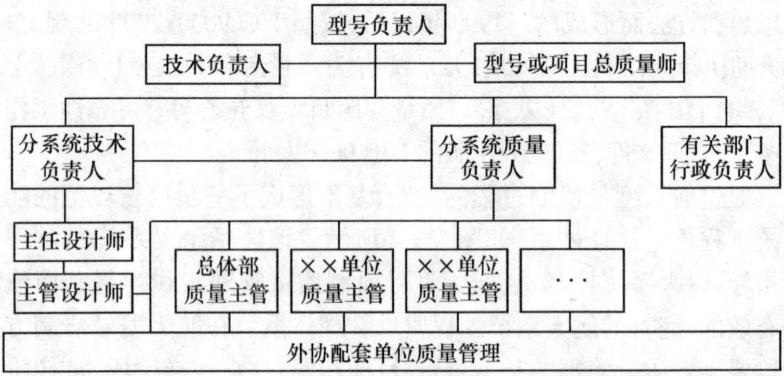

图4-3 航天系统工程质量管理组织结构

表4-1 航天系统工程质量管理人员的主要质量职责

序号	岗位	职 责	备注
1	型号负责人(总指挥)	质量和安全的第一责任人,对型号的进度、产品质量、工作质量及安全质量负全责	
2	技术负责人(总设计师)	在型号负责人的领导下,对型号设计、生产、测试、试验等技术质量工作负责	
3	技术副负责人(副总设计师及总工艺师、总质量师)	在型号负责人和技术负责人的授权下,由技术副负责人组织落实技术负责人的决定,负责型号技术状态的管理。负责组织解决型号研制过程中的重大技术问题和组织下级研制人员研究解决设计、工艺、生产、测试、试验方面的各种技术问题和产品质量问题,按职责权限审定处理意见。对型号研制、发射全过程产品质量问题的技术归零工作负责	

续表

序号	岗位	职　　责	备注
4	主任设计师	在型号两总的领导下,组织完成总体和分系统设计、技术协调等工作。组织分系统设计人员研究解决各种技术问题,组织相关的质量问题归零工作,按职责权限审定处理意见,对分系统产品质量在技术上负责。负责分系统产品信息的收集、整理,并向上一级设计师反馈	
5	主管设计师	1)对主管产品设计质量、调试质量、测试质量、试验质量负责 2)负责产品研制过程中技术问题处理、产品质量问题的归零工作 3)负责完成主管产品的交付,并负责产品交付后使用过程中质量问题的处理,对主管的产品质量负责 4)负责产品交付前质量信息的收集、记录、整理并向上一级设计师反馈	
6	型号质量部门负责人	在型号负责人和技术负责人的领导下,负责本型号质量活动的具体组织工作: 1)负责上级和本级质量管理的有关规定在型号研制队伍中的宣传贯彻 2)负责组织编制型号产品保证大纲和产品保证计划 3)负责组织分系统产品验收,参加重要单机部件产品验收,进行产品质量把关 4)负责组织与型号有关的质量评审,质量复查和关键技术的复核、复算工作,质量待办事项的监督检查 5)协助两总组织对型号研制、总装、测试、试验和发射阶段的质量进行控制,对过程中出现的质量问题组织归零 6)负责对分系统及单机部件研制、生产单位的质量管理工作进行指导和检查 7)负责本型号质量信息的收集整理和传递工作	

续表

序号	岗位	职　责	备注
7	分系统质量主管	在本单位指挥和型号质量管理部门的领导下，负责本分系统产品质量管理工作： 1)负责型号系统级质量管理规定和本单位质量管理体系在产品研制工作中的贯彻执行 2)负责组织编制分系统质量管理实施细则和工作要求 3)组织分系统产品的内部验收和交付 4)在指挥的领导下组织对本分系统出现的不合格问题进行处理和质量问题的归零工作 5)负责将型号质量管理要求传递至外协单位，并协助设计师对本分系统外协产品的质量进行监督及组织对外协产品的验收 6)负责单位或分系统内部型号质量信息的收集整理和汇总、传递工作 7)负责组织分系统质量评审(含出厂评审)、质量复查和质量待办事项的监督检查	
8	物资负责人	参与产品保证计划的制定工作，负责制定并实施物资保证大纲以及与元器件有关的质量管理规定，组织处理型号研制过程中涉及物资的有关质量问题，负责型号研制过程中元器件、原材料质量管理厂所的协调和组织元器件、原材料质量归零工作，并负责组织相关出厂评审文件	

质量管理体系除建立组织体系外，还须建立管理流程、计划体系和文件体系，编制文件体系中的质量管理计划、产品保证大纲、产品保证要求和产品保证计划。航天系统工程质量管理流程(见图 4-4)描述了质量管理与研制环境、组织、范围、进度和资源等要素关系的综合流程。

航天系统工程质量管理计划体系(见图 4-5)主要包括系统、分系统、设备级质量管理计划及产品保证计划。

航天系统工程质量管理文件体系主要由上级、本级和院级有关质量管理规定、型号研制过程中应遵循的有关管理标准及所使用的有关表格化文件组成，如图 4-6 所示。

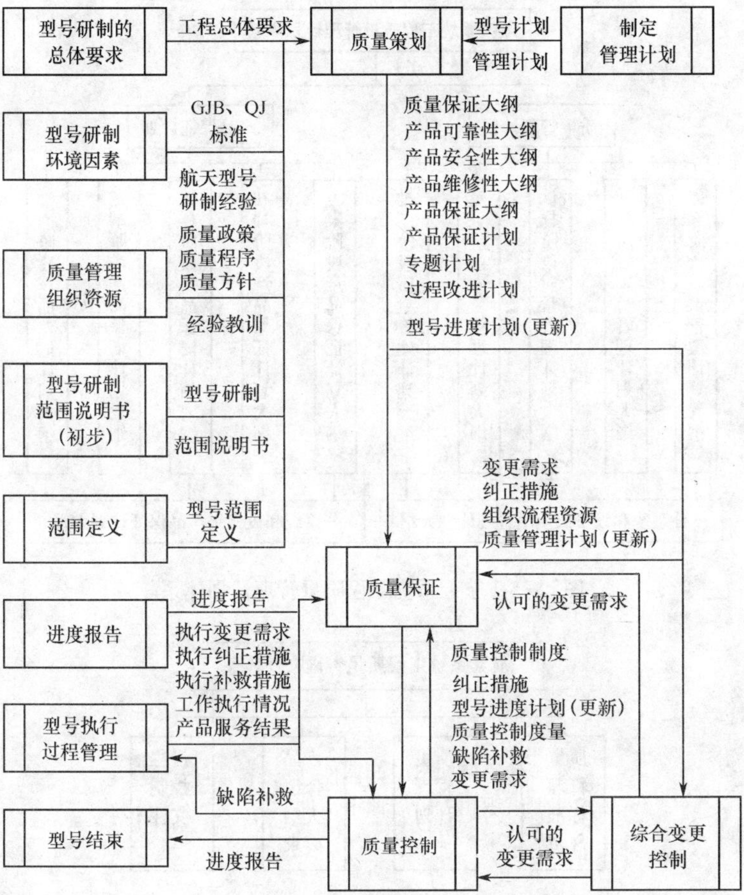

图 4-4　航天系统工程质量管理流程

4.2.1　参研单位质量体系建设

现在,所有参与型号研制工作的单位(不管是航天系统建制内,还是建制外的单位)从型号研制一开始就要根据 ISO 9000 系列标准进行质量体系建设,在型号研制质量管理的指导思想、指导原则,研制质量管理的组织体系,研制质量管理的文件体系,型号产品研制标准和规范体系,研制质量管理中各类人员质量岗位责任制等方面进行统一

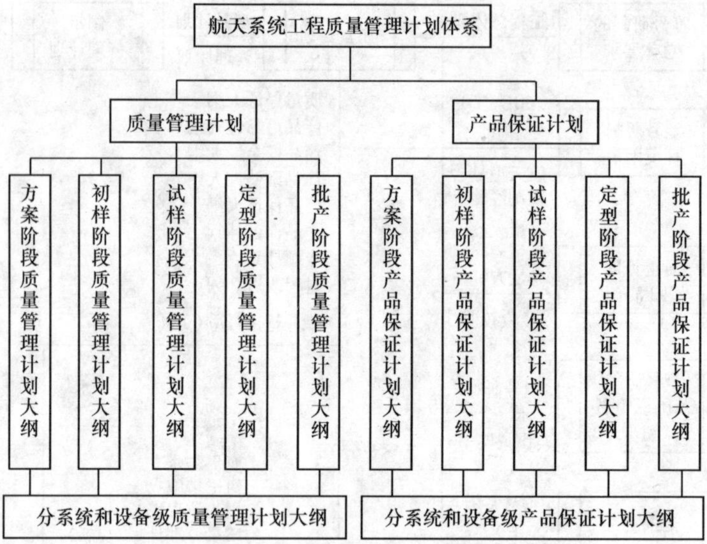

图 4－5　航天系统工程质量管理计划体系

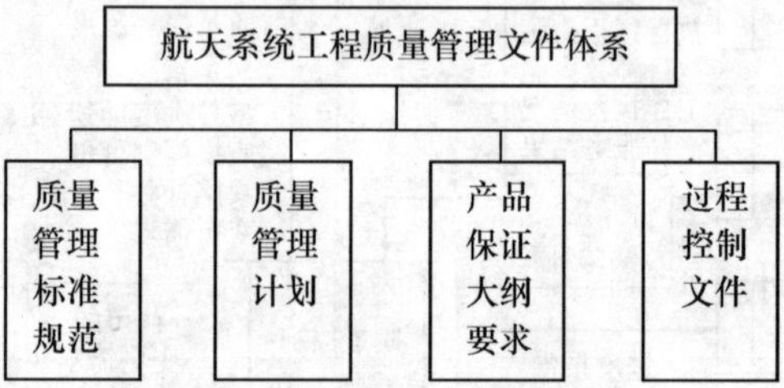

图 4－6　航天系统工程质量管理文件体系

建设。在参研单位质量体系建设中较为重要的有以下几个方面。

1. 型号研制初期的标准化工作

为规范型号设计、制造、总装、测试、大型试验、出厂、运输、发射等过程的研制质量，型号研制初期，在型号两总系统领导下，开展型号航天标准体系的制定工作。按照系统工程原理与方法建立和实施型号的标准系统和完成标准化工作。

(1) 提出型号标准化目标和标准化要求

组织有关专家进行深入的标准化分析，提出切实可行的符合实际的标准化目标和总体方案。型号标准化以运用标准化原理和方法，最大限度地继承已有的火箭、卫星、导弹等型号研制成熟技术，建立在研型号标准体系，以达到规范型号研制全过程的目标；在型号产品的研制中，一般应达到继承同类型号技术及其延伸技术70%以上、有关标准的贯彻率不低于90%的要求；充分总结和借鉴以前型号研制标准化工作成果，建立在研型号标准体系；编制、完善型号文件系统，做好国际先进标准引进及转化应用工作，积极开展可靠性、安全性标准化研究，制订型号标准化总体方案，使型号研制在法制的轨道上稳步推进。

(2) 建立、规范型号标准化文件体系

在型号研制方案阶段初期，建立型号研制标准化工作系统，制订型号研制标准化审查工作要求、“型号研制标准化文件制定管理分工细则”、“型号研制标准化文件编写细则”等标准化工作管理制度。

在型号研制过程中，要将成熟的技术与管理经验及时总结，能纳入标准的应及时编制成标准，重点要完成新计算机软件标准的制定，坚持“适度超前编制标准、引导型号研制有序发展”的指导思想和“急用标准先上”、“管理标准优先”、“产品标准为主”的原则，并采取“成块开发、适度超前、动态管理”措施，及时完善型号研制各阶段必备的专用标准，形成规范体系。

2. 型号研制质量控制措施和方法

型号研制质量控制的主要依据是根据“型号质量保证大纲”制定的“型号研制质量管理计划”，重点采取以下措施和方法。

1) 抓好4个源头。设计源头，“产品质量是设计出来的”，把好设计质量关是保证产品质量的关键；管理源头，“三分技术，七分管理”，管理出效益，因此，一开始就抓住标准、规范、制度和作风建设；产品源头(元器件、原材料)，只有自始至终紧紧抓住元器件、原材料质量控制，才能保证型号产品研制的成功，这也是质量管理的关键环节；队伍源头，人才是决定任何事物成败的决定性因素，建立一支型号产品研制质量管理和技术队伍是型号产品研制成功的决定性因素。

2) 采取7项质量控制措施。包括新工艺的选用控制、关键件重要件监造、型号研制中不可测项目的跟踪管理、软件工程化管理、功能性能测试的覆盖性、测试数据判读比对、技术状态确认。

3）严格5项质量保证措施。即严格产品验收、严格生产试验依据的评审、严格关键技术复核复审、严格关键技术特性复查、严格转阶段评审和出厂评审。

4）实施4项质量检查措施。即严格检查质量问题归零标准的执行、严格检查超差返修、严格检查举一反三、严格检查可靠性试验。

5）运用科学的质量控制技术和方法。型号研制表格化管理是全过程质量控制的重要方法。坚持在实践中使用的型号研制表格化管理等质量控制技术和方法，并在型号参研单位中加以推广应用，是质量管理的一项重要工作。

3．型号研制工艺管理

在型号产品研制过程中，设计师系统和工艺师系统需要进行多项关键工艺和关键技术攻关。型号立项之初，设计师系统与工艺师系统根据型号产品要求，制定突破关键工艺技术的计划，明确负责单位和人员，有计划地完成技术攻关任务。确保关键工艺技术的解决是保证型号产品满足设计技术要求的关键，强化关键工艺技术攻关是型号初样研制产品质量控制的重要环节。稳定型号产品制造工艺，才能有效保证型号产品的制造质量。

在型号工艺师系统和工艺技术管理部门的组织下，承担攻关任务的责任单位需要成立由设计师、工艺师、工人组成的多个"三结合"攻关组，严格按照工艺攻关管理程序进行，并把型号产品的工艺攻关工作纳入型号研制计划。

在工艺管理与关键工艺技术攻关过程中，要严格执行"工艺攻关阶段总结与评审"规定，凡是产品研制工作中的工艺技术攻关项目必须通过评审、确认工艺可行后方可进行型号产品生产。

4．质量问题归零工作

质量问题归零是指对在设计、生产、试验、服务中出现的质量问题，从技术、管理上分析产生的原因和机理，并采取纠正措施、预防措施，以避免问题重复发生的活动。质量问题归零这项工作始终贯穿于型号研制全过程。"两条指挥线"在型号研制过程中将出现的质量问题的解决和处理作为研制工作中一项重要内容予以安排。

为了组织好型号研制过程中出现的质量问题归零工作，型号两总系统要针对研制过程中出现的各种典型质量案例，不断对研制队伍进行质量意识教育，提高研制人员对质量问题归零工作的自觉性。同时，要积极组织制定“型号研制质量问题归零管理规定”等标准规范，明确规定在研制过程中出现质量问题后的信息报告制度、归零范围、归零工作分级管理的要求、质量问题归零标准的含义及归零审批和评审的有关规定等。在型号研制过程中，把质量问题归零工作作为型号研制技术上和管理上持续改进和提高产品质量的有效措施。在型号产品研制过程中，质量问题归零工作要做到质量问题信息透明、传递及时，质量问题处理及时、有专题计划和明确的责任单位，质量问题归零后，先由系统内部审查，然后再组织相关专家评审确认，并在各研制阶段节点对出现的质量问题归零情况进行审查，做到在转入下一研制阶段前质量问题清零，确保后续研制工作的顺利进行。

5. 软件的工程化管理

软件，主要是指系统各级的操作、控制、试验、测试等程序。软件水平决定着型号系统的工作状态和水平。软件管理则是防止差错，提高水平的重要举措。为确保型号软件产品的研制质量，要组织制定并严格执行“型号工程软件研制管理办法”，对软件工程化要求、型号系统软件配置管理、测试要求、软件产品存放地点、生产和使用软件出入库、文档等都要作出明确规定。在研制过程中，型号系统软件在交付前单元语句和分支的测试覆盖率均要达到100%，并通过第三方人工走查、静态分析和动态测试等评测。需更改的软件，必须按软件工程化“三单”(型号软件问题报告单、型号软件更改报告单、型号软件更改入库申请单)的管理要求履行审批和更改手续，办理技术状态更改单。

6. 研制状态控制

(1) 严格技术状态控制

在型号研制和飞行试验中会发现或暴露一些问题，需要进行修改完善，以达到技战指标要求。凡必须更改技术状态的型号产品，必须遵循“充分论证、试验验证、各方认可、审批完备、落实到位”的原则，更改内容经总设计师、总指挥批准后方可实施更改。

(2) 严格测试状态

在型号研制过程中，需要做各种大型试验。在产品进行出厂前整体测试和发射场各阶段测试前，对参试产品和地面测试设备状态进行确认，是型号研制系统技术状态控制的重要环节。

(3) 严格产品状态

在型号产品总装、测试、试验(含加注工质和推进剂)、型号系统匹配测试等阶段工作开始前进行产品工序交接时，是进行产品状态确认的关键点。型号研制系统应制定“型号产品工序交接管理规定”，将产品技术状态检查确认作为工序交接的重要程序进行控制，确保产品的实物相符和产品技术状态符合下一阶段工作要求[1]。

4.2.2 型号大纲

1. 质量保证大纲

质量保证是质量管理的一部分，是为了提供足够的信任，表明实体能够满足质量需求的全部有计划、有系统的活动。质量保证是确保所有计划和系统工作达到质量计划要求的基础，为型号产品质量系统的正常运转提供可靠的保证，它贯穿于型号产品实施的全过程。在ISO 9000系列实施之前，质量保证一般被描述在质量策划之中。质量保证通常在总指挥领导下由质量保证部门或者类似的组织提供[7]。质量保证大纲是指为保证达到预期的型号质量和工作质量要求，通过大纲文件的形式，对与管理有关的重复性事务所做的规定。

(1) 质量保证大纲的目标

质量保证的目标是：一、提高型号产品实施的适用性和任务完成率；二、降低型号产品对维修和后勤保障的要求；三、提供基本的质量信息；四、提高工程实施的经济效益。

(2) 质量保证大纲的内容

质量保证大纲主要包含以下几个方面：一、按型号特点和有关部门的要求，制定明确的质量指标；二、明确规定工艺技术、计划、质量和物资部门的质量责任；三、确定各实施阶段的质量工作目标；四、针对型号特点和实际实施能力，制定质量控制点和需要进行特殊控制的要求、措施、方法及相应的完成标志和评价标准；五、对设计、工艺和型号质量评审作出明确规定。大纲一般设置以下章节:一、主题内容与适用范围;二、引用标准和政策法规;三、定义;四、组织机构与职责;五、型号的质量保证要求(主要部分),如管理职责、质量体系、设计控制、采购控制等。型号产品质量保证大纲的主要内容,如图4-7所示。

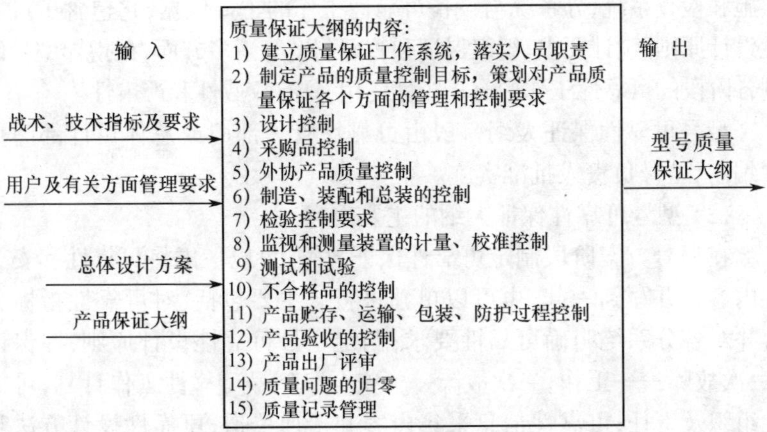

图4-7 型号产品质量保证大纲

2. 型号产品可靠性大纲

可靠性:产品在规定的条件下和规定的时间内,完成规定功能的能力。产品的可靠性是通过产品的设计、分析、试验和管理等一系列工程活动——可靠性工程逐步形成的。可靠性工程是一个系统工程,其目的是通过对工程项目可靠性工作进行系统的策划和实施,在规定的技术要求、研制经费和研制进度等约束条件下,生产出满足规定的可靠性要求的产品,减少其在使用过程中出现的故障,以提高系统效能和降低寿命周期费用。

可靠性大纲,又称可靠性保证大纲。为确保产品满足合同或计划所规定的可靠性要求而制定的一套文件。它是为了给一项工程提供可靠性保证,从可靠性监督与控制、设计与分析,以及试验与评估等方面所作的总体安排。

(1) 型号产品可靠性保证的目标

可靠性保证的目标是通过规范化的工程与管理途径，满足型号规定的可靠性要求，以保证产品任务一次成功，降低寿命周期费用，减少维修人力和降低使用保障要求。

(2) 型号可靠性保证大纲的制定

型号可靠性保证大纲是型号可靠性管理的一个重要文件，是组织、实施和检查系统、分系统与设备可靠性工作的主要依据，它包含了可靠性设计原则、设计要求、组织保证和管理制度等诸多方面，在指导型号研制各阶段的可靠性工作中有指令性作用，具有权威性和严肃性。

型号可靠性保证大纲一般由可靠性管理部门或总体设计部门负责编制，型号负责人批准实施。

(3) 型号可靠性保证大纲的主要内容

在型号方案阶段制定可靠性保证大纲，可以考虑将可靠性和安全性内容合并写到一起，也可以单独进行。主要包括：对可靠性指标分解并对各分系统明确可靠性要求；制定型号可靠性设计原则，即保证"一次故障——工作，二次故障——安全"；型号可靠性工作计划；可靠性组织及责任；可靠性信息采集内容和传递渠道；可靠性设计方法和内容；主要的可靠性试验项目等。大纲还包括工作进度、组织机构及其职责、工作项目、工作程序、需要的资源等。

3. 型号产品安全性大纲

安全性：不导致人员伤亡、危害健康及环境，不给设备或财产造成破坏或损失的能力。安全性工程是在产品寿命周期内的所有阶段，以使用效能、研制周期和费用为约束条件，运用工程和管理的原理、准则和技术，使产品获得最佳的安全程度。安全性要解决的问题是系统在正常运行和使用过程中，不会产生危险事件；当出现故障时，它的一些功能和性能可能会丧失，但不会产生危及人员和设备安全的危险事件，或将可能发生的危险事件的风险控制在可接受的范围内[8]。

(1) 型号产品安全性保证的目标

确保对所有与型号工程的设计、研制、生产和操作有关的安全性风险进行分析、识别、评价、处理和控制，并且通过安全性大纲实施，使这些风险降到可接受的水平。

(2) 型号安全性保证大纲的制定

制定安全性保证大纲就是明确规定不同研制阶段型号安全性设计、管理和试验的具体要求，保证型号安全性工作的全面开展，确保安全性满足型号研制要求；明确安全性责任制及信息传递渠道，确保为需要的人员提供安全信息；保证型号其他管理要素的安全实施。

型号安全性保证大纲是型号安全性管理的一个重要文件,是组织、实施和检查系统、分系统与设备安全性工作的主要依据,它包含了安全性设计原则、设计要求、组织保证和管理制度等诸多方面,在指导型号研制各阶段的安全性工作中有指令性作用,具有权威性和严肃性。

型号安全性保证大纲一般由安全性管理部门或总体设计部门负责编制,由型号负责人批准实施。

(3) 型号安全性保证大纲的内容

在型号方案阶段制定安全性保证大纲,主要包括:编制对系统及各分系统的安全性要求;制定型号安全性设计原则,制定型号安全性工作计划;明确安全性组织及责任,安全性信息采集内容和传递渠道,安全性设计方法和内容,主要的安全性试验项目;在制定安全性保证大纲的同时,针对型号的特点制定安全设计指南。

4. 型号产品维修性大纲

维修性:产品在规定的条件下和规定的时间内,按规定的程序和方法进行维修时,保持或恢复到规定状态的能力。维修性的概率度量亦称维修度。

维修性包括维护、预防性维修和修复性维修。维护是指产品保持规定状态所需采取的措施,如润滑、清洁、加燃料等。预防性维修是通过对产品的系统检查、检测和发现故障征兆以防止故障发生,使其保持在规定状态所进行的全部活动,包括调整、定期检查和必要的修理等。修复性维修是指产品发生故障后,使其恢复到规定状态所进行的全部活动。维修性工程的目的是通过维修活动使产品处于规定的状态,使产品能正常运行。

型号产品维修包括保养预防性维修、修复性维修和战场抢修。实际上各种型号产品都需要维修,但不同的使用、贮存状况,需要不同的维修类型和方式,因此,有不同的维修性要求。但维修性的一般要求是简便、迅速、经济。维修性主要是根据类似型号产品的历史经验,特别是存在的缺陷,结合新型号产品作战使用要求和使用条件等因素确定。型号产品可维修性要求是通过研制生产过程中的维修性工作达到的。根据国内外的实践,GJB 368A《装备维修性通用大纲》提出了维修性工作项目。在制定维修性大纲和计划时,应当根据具体情况选择适当的工作项目或增加新的工作项目。这些工作项目应该纳入型号产品的设计、生产和试验计划,保证必需的资源、进度并采取各种管理措施,统一协调,全面实施和完成。

维修性通用大纲的具体内容可参见国防科工委编写的《质量可靠性国家军用标准汇编》中装备维修性通用大纲之内容。

5. 型号产品标准化大纲

标准:为在一定范围内获得最佳秩序,经协商一致制定并由公认机构批准、共同使用和重复使用的一种规范性文件。规范性文件是为各种活动或其他结果提供规则或规定特性的文件。标准应以科学技术和经验的综合成果为基础,以获得最佳社会效益为目的。

标准化:为在一定范围内获得最佳秩序,对现实的或潜在的问题规定共同使用和重复使用的规则的活动。该活动是制定、发布和实施标准的过程。就是在经济、技术、科学及管理等社会实践中,对重复性事物和概念,通过制定、发布和实施标准达到统一,以获得最佳秩序和社会效益与经济效益。

型号标准化:型号标准化是为了实现武器装备项目的研制要求,运用系统工程的方法,根据研制项目的具体情况,对研制项目提出并实施一整套相互联系的标准和标准化要求的一种活动。型号标准化的主要任务是实施标准和其他标准化要求,其他标准化要求包括通用化、系列化、组合化要求,采用非研制项目等。

标准化管理就是按照经济和科学技术发展的要求,根据法律、法令和国家的方针政策,对标准化工作进行计划、组织、指挥、协调、控制的活动过程。标准化是型号研制的技术基础,是型号研制生产的一个重要组成部分,是确保产品质量、提高社会和经济效益的一个重要手段，及早组织制定和实施型号标准化大纲，并对其标准的实施进行监督，实现型号设计、试制、试验、生产、管理的规范化和产品的“三化”(通用化、系列化、组合化)要求[7]。

型号研制标准化管理是依据所制定的型号标准化大纲的规定，对工作的目标与范围、一般要求、特殊要求及贯彻标准的要求、技术文件的标准化要求、软件开发控制的标准化要求以及工作系统与协调原则等进一步作出明确规定，以确保研制的产品符合标准。

航天型号研制走过了50年的发展历程，有成功，也有失败；有经验，也有教训。航天工业为加强型号研制质量管理的标准化建设，相继下发了一系列文件，如《强化型号质量管理的若干要求》，(即“二十八条”)、《航天工业总公司质量问题归零的管理办法》和《关于认真做好质量问题在管理上归零工作的通知》(即质量问题“双五条”归零标准)，并且按照型号研制要求，紧密围绕型号科研、生产开展了各项标准化工作，下发了《执行航天工业行业强制性标准要求的通知》等标准化法规，发布了三批航天工业行业强制性标准，还制定和发布了上百项的技术标准和规范。这些做法有效地促进了航天型号研制工作的开展。

型号研制的实践也表明，标准化工作贯穿于型号研制的全过程，从型号的预研阶段一直到型号设计定型，每一个环节，标准化都在发挥作用。从质量管理角度看，谈质量，谈“第一次就把事情做对“，没有标准就无从谈起。

标准化大纲的具体内容参见国防科工委编写的《质量可靠性国家军用标准汇编》。

6．型号产品工艺性大纲

工艺工作的基本任务是通过计划、组织和控制，合理利用资源，以先进的制造技术生产出符合设计要求、质量稳定、成本低的产品。

工艺工作贯穿于型号预先研究和型号研制的论证阶段、方案阶段、工程研制阶段(含初样阶段与试样阶段)、设计定型阶段，以及工艺(生产)定型阶段和批生产阶段。

产品工艺工作是保证实现产品设计要求和产品质量及安全的基础性工作，制定产品工艺性大纲就是为保证型号产品研制和定型后能经济、稳定地生产而采取的重要措施。

(1) 工艺管理的内容

工艺管理工作的要求是:按照《航天产品工艺文件管理制度工艺总方案编制规则》的规定,组织制定型号工艺总方案,经评审通过后组织实施;制定设计文件、图纸的工艺性审查规定,如设计文件、图纸工艺性审查和会签的程序、规定及要求等;制定信息收集、整理和传递的规定;审查中发现问题的记录、会签等。

(2) 工艺质量控制要求

工艺质量控制要求包括:规定工艺纪律;工艺文件的编制及检验要求;工艺文件的更改程序审批;严格关键件、重要件生产的质量控制,在工艺文件中进行标注,有效的质量保证措施;对不易直观检测的产品质量特性(如化学、冶金、光学、热学及放射性等)以及特种工艺包括铸造、焊接、胶接、热处理、表面处理、非金属成型等制定严格、详尽的工艺控制措施;严格工序质量控制要求,上道工序不合格者不得转入下道工序;工序间有关检验内容、要求,特别是对间接检测和不易检测的工序更应严格控制;生产过程中所用工艺设备、检测设备和计量器具状态要求;生产现场的温度、湿度、洁净度等符合生产产品的工艺环境和技术安全要求。

型号产品工艺性大纲除包括上述内容外,还包括:工艺质量信息的反馈、总结和归档要求;工艺评审的要求及组织;工艺技术改造主要目标、项目及要求;工艺评审文件资料的管理要求,即各阶段工艺评审活动形成的文件资料应作为质量记录按规定归档和保存等[9]。

7. 综合保障大纲

(1) 综合保障

综合保障是为了使型号系统在其寿命周期内充分发挥作战和使用效能,降低寿命周期费用而进行的型号设计、保障条件、保障资源等的设计、建设、试验等一系列技术和管理过程。它包括两个方面:一方面是型号研制方,在设计时要充分考虑用户的要求、条件、资源等情况,优化设计,提高型号系统的适应能力,简化维修等保障条件,降低保障费用,同时提出对使用方的保障条件和资源要求;另一方面是使用方根据型号设计所提出的保障要求,结合已有条件和资源,进行设计、建设和试验,以保障型号系统在寿命周期内的性能。

为了实现上述要求,型号研制方和使用方要加强联系与沟通,加强工作协调,特别是在型号的使用要求与保障要求之间、型号设计与保障设计之间、型号所需资源与保障资源之间、新型号保障资源与已有型号保障资源之间进行广泛深入的协调,实现保障系统与型号系统同步论证、同步试验、同步交付使用。

综合保障大纲具体规定了型号研制方和使用方的职责、主要工作内容和基本要求。

(2) 综合保障要素

型号使用方可进行的保障工作,主要包括保障资源和技术与管理两个方面。保障资源包括人力、设备、技术资料、训练、计算机、保障设备、装卸设施、贮存运输等内容,技术与管理包括规划和设计间的接口等内容。

型号研制方对型号可靠性、维修性、安全性和使用环境条件的设计,与保障资源的确定有直接关系,因此研制方要认真贯彻可靠性大纲、维修性大纲、安全性大纲等规定,合理提出维修性工作类型、工作条件及资源技术要求。

(3) 保障方案

型号保障方案包括维修保障方案和使用保障方案两部分,如图4－8所示。

维修保障方案主要包括维修的类别、级别及任务、间隔期、主要维修资源、维修约束条件等。

使用保障方案主要包括型号规模, 使用地域, 任务剖面, 使用方式及主要内容, 集中或分散使用时的保障供应, 贮存及运输方式, 燃料、动力和武器的补充, 使用人员的要求, 主要保障资源的要求等。

在型号研制时要强调按照保障方案进行设计,以便使型号与其保障系统互相匹配,并有助于各型号装备之间实现最大的通用性。

8. 型号大纲管理

型号大纲在型号研制的管理实践中,需要不断地总结经验,进行改进,建立比较完整的型号大纲管理体系(如图4－9所示)。实践也

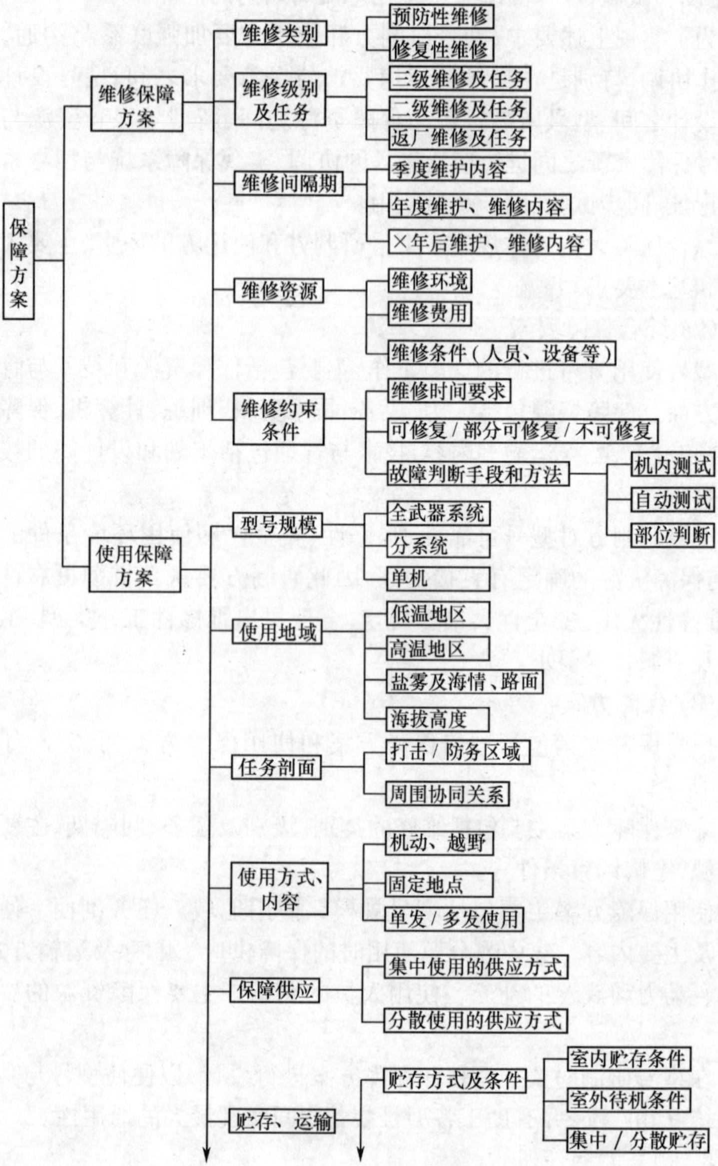
保障方案
维修保障方案
维修类别
预防性维修
修复性维修
维修级别及任务
三级维修及任务
二级维修及任务
返厂维修及任务
维修间隔期
季度维护内容
年度维护、维修内容
×年后维护、维修内容
维修资源
维修环境
维修费用
维修条件（人员、设备等）
维修约束条件
维修时间要求
可修复/部分可修复/不可修复
故障判断手段和方法
机内测试
自动测试
部位判断
使用保障方案
型号规模
全武器系统
分系统
单机
使用地域
低温地区
高温地区
盐雾及海情、路面
海拔高度
任务剖面
打击/防务区域
周围协同关系
使用方式、内容
机动、越野
固定地点
单发/多发使用
保障供应
集中使用的供应方式
分散使用的供应方式
贮存、运输
贮存方式及条件
室内贮存条件
室外待机条件
集中/分散贮存

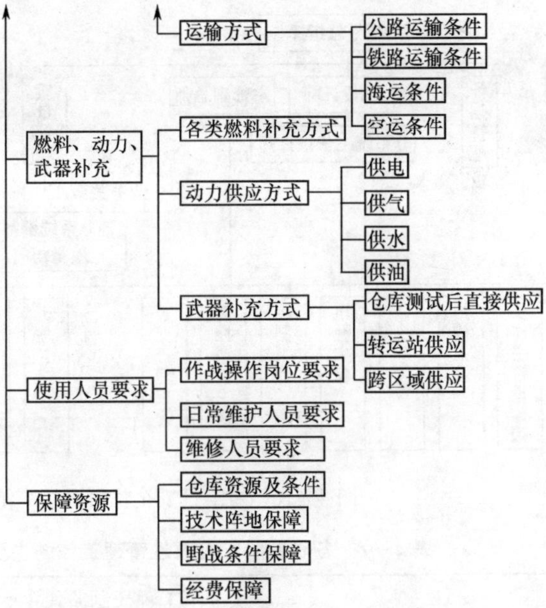

图 4-8　型号保障方案示意图

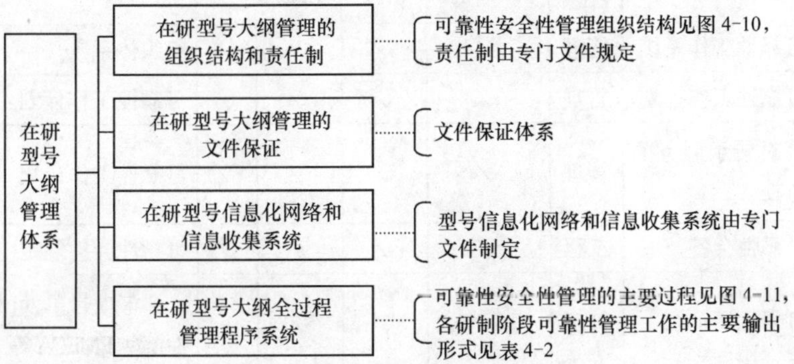

图 4-9　在研型号大纲管理体系

证明，型号系列产品的研制、试验、飞行任务的成功完成，就是对有效的型号系列产品型号大纲的实际检验[1]。

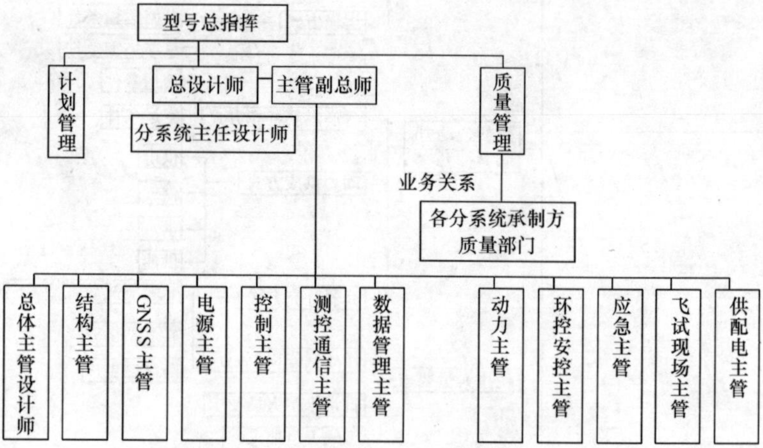

图 4-10　可靠性安全性管理组织结构

表 4-2　各研制阶段可靠性管理工作的主要输出形式

工作项目	工作类别	方案论证及方案研制阶段	工程研制阶段		定型阶段	输出内容
			初样阶段	试样阶段		
可靠性工作系统	管理	√	√	√	√	组织体系
可靠性工作计划	管理	√	√	√	√	可靠性工作计划
对转承制方的监控	管理	√	√	√	√	可靠性工作计划
可靠性会签	工程	√	√	√	√	可靠性会签规定
可靠性评审	管理	√	√	√	√	评审项目单、可靠性模型 FMECA 等
故障报告、分析和纠正措施系统	管理	√	√	√	√	FRACAS 记录、故障审查组织活动记录
可靠性模型的建立	计算	√	√	○	×	可靠性模型

续表

工作项目	工作类别	方案论证及方案研制阶段	工程研制阶段		定型阶段	输出内容
			初样阶段	试样阶段		
可靠性分配	计算	√	√	○	×	可靠性分配报告
可靠性预计	计算	△	√	√	○	可靠性预计报告
可靠性设计准则	工程	√	√	√	○	可靠性设计准则
故障模式、影响及危害性分析	工程	△	√	○	○	FMECA计划、报告
故障树分析	工程	△	√	○	○	FTA报告
可靠性关键项目	管理	△	√	√	△	可靠性关键项目清单
原材料、元器件的选用与控制	工程	△	√	√	√	原材料、元器件选用控制规定、报告
元器件应力分析	工程	△	√	√	△	元器件应力分析报告
环境应力筛选	工程	×	√	√	△	应力筛选计划、报告
环境适应性试验	工程	×	√	√	×	试验计划、报告
潜通路分析	工程	×	√	√	△	分析报告
最坏情况分析	工程	×	√	√	√	分析报告
可靠性分析验证	计算	×	△	√	△	验证方案、报告
可靠性增长试验	工程	×	√	√	×	增长试验报告
可靠性评定	工程	×	△	△	√	评定结论、报告

图例说明：√表示必须做；△表示根据需要选做；×表示不必做；○表示设计更改时做。

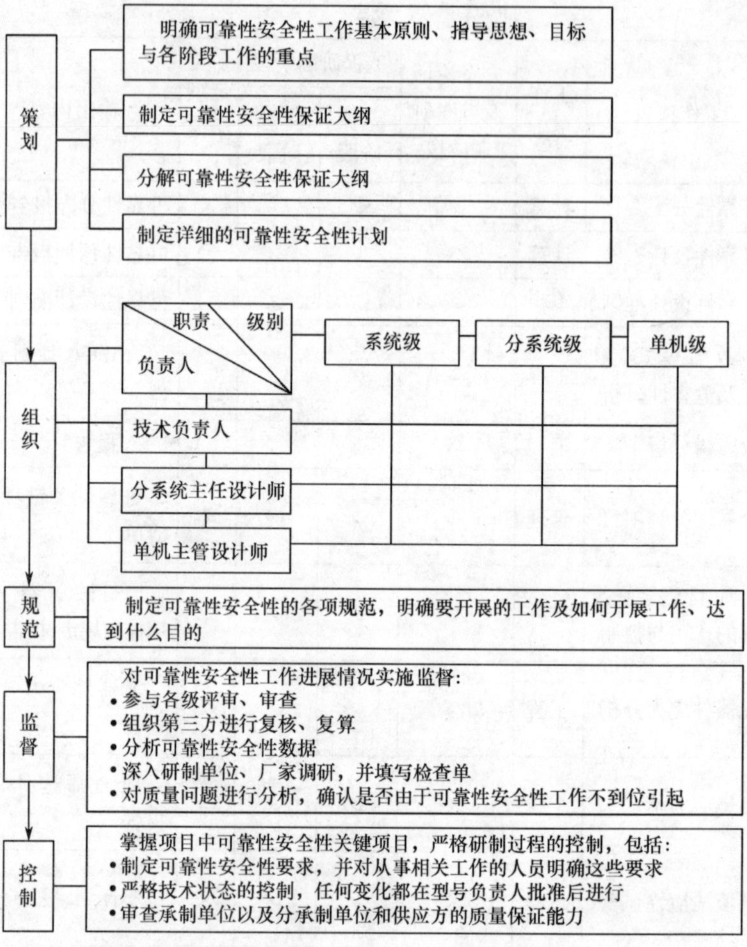

图 4－11　可靠性安全性管理的主要过程

4.2.3　型号系统质量体系建设

在型号研制中，一般强调“单位抓体系”(质量体系)，“型号抓大纲”的管理方法，并取得了一定成效。由于体系的检查认证工作和型号既有联系，又不是很对应，特别是承担多项军民品任务、进行多种经营的单位，质量体系认证通过了，并不一定就能保证产品质量都适应航天型号任务的要求。因此，在多年航天型号研制实践基础上，提出型号质量体系建设的要求。

型号质量体系是在各承担研制生产工作的单位质量体系与建设的基础上，实行以型号为纽带而建设的纵向体系，它把各单位的质量体系建设联结在一起，通过型号质量工作的推进，促进单位质量体系的建设和提高；单位质量体系建设和提高，保证和推动型号质量水平的提高，从而改变以往“单位抓体系、型号抓大纲”两张皮的现象，形成“单位抓体系保证型号研制生产质量、型号抓大纲促进单位质量体系建设”的互动关系。也就是所有承担型号研制生产任务的单位，均应按 GJB 9001－2001 或 GB/T 19000—2000 质量管理体系标准的规定，建立和健全质量管理体系，并获得国家认可的认证机构(军品为新时代质量体系认证中心或天正认证中心等)的认证证书，保持和改进体系运行的有效性。未通过质量体系认证的单位不能承担三级系统以上(含三级)产品的研制工作，特殊情况需经型号总指挥、总设计师系统认可。未通过质量体系认证且承担三级系统以上产品研制的单位，须根据研制产品的重要性、复杂程度，编写产品质量保证大纲或产品质量保证措施。为推进型号大纲的落实和单位质量体系的建设，在型号研制过程中，根据研制阶段和情况，特别是根据研制工作中的突出问题，由型号质量管理系统，组织专家队伍，对承担型号研制任务的单位进行质量审核，提出对单位质量保证和体系建设方面的意见，从而进一步促进各承制单位质量体系的建设。

针对某些型号系统质量管理的特点，一般采用以过程为基础的质量管理体系模式(如图 4－12 所示)，对不同研制阶段进行质量控制。

以过程为基础的质量管理体系的四大过程“管理职责”、“资源管理”、“产品实现”和“分析与改进”彼此相连，最后通过体系的持续改进而进入更高的阶段，而且，增加的航天产品特殊要求均纳入到四大过程的相应条款中。从水平方向看，顾客(用户)的要求是产品实现过程的输入，型号质量审核作为管理要求一并输入到系统中去，产品实现过程的输出是最终产品。产品交付给顾客(用户)后，顾客(用户)将对其满意程度的意见反馈给组织的测量、分析与改进过程，作为质量管理体系持续改进的一个依据。在新的阶段，“管理职责”过程把新的决

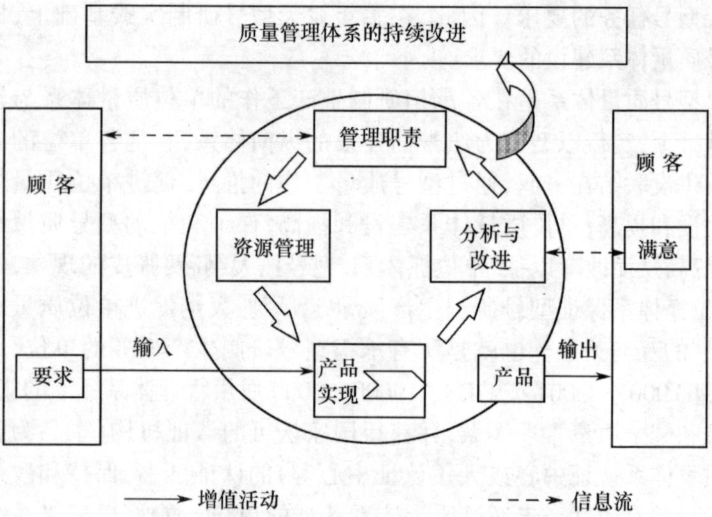

图 4－12　以过程为基础的质量管理体系模式

策反馈给顾客(用户),后者能据此而形成新的要求。

4.3　航天系统工程质量制度建设

质量制度建设是航天系统工程质量管理中的重要组成部分,其目的是指在型号研制实施过程中,为达到预期的研制质量和工作质量要求,对与管理有关的重复性事务作出规定。质量管理制度体系建设主要包括:质量管理标准规范体系、质量管理文件体系以及与之相适应的运行机制、激励机制、监督机制建设等。质量管理标准规范体系涵盖所有关于 ISO 9000 标准系列、GB/T 19001 标准系列、航天行业的特殊标准规范等;航天质量管理文件体系保留了 GB/T 19001,即 ISO 9001 的 20 个要素,另外,还根据航天行业的特殊要求增加了 18 个要素,共包括:质量保证大纲、质量工作计划、技术文件、质量工作规定文件、质量成本分析报告等 38 个要素,分为四个层次(如图 4－13 所示)。

第一层次:质量手册,是企业质量管理的顶层法规,是企业质量方

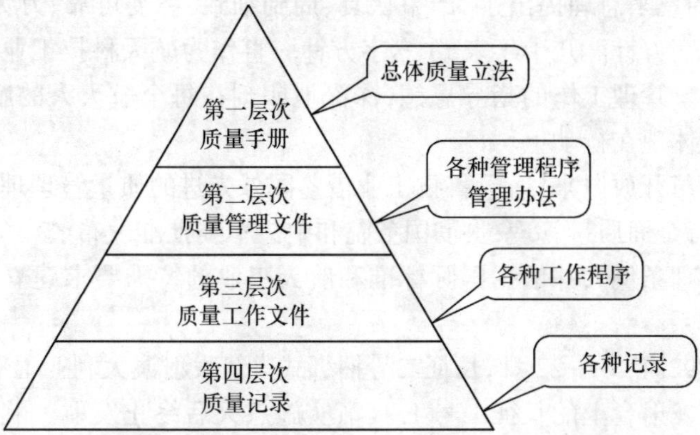

图 4－13　航天质量管理制度文件体系

针、质量体系和质量实践的纲领性文件；第二层次：质量管理文件，主要是为了落实第一层次文件规定，针对具体质量活动制定的具体标准或制度，例如“七十二条①”、“三十条②”、“五统一③”管理等；第三层次：质量工作文件，通常是指对某类产品制定的质量计划、质量工作“程序”、作业指导书、产品技术文件和图样，例如“二十八条④”、“双五条⑤”等；第四层次：质量记录，是指证明产品达到了规定的质量，以及验证质量体系有效运行的各种记录。

在航天工业创业时期，在聂荣臻元帅等老一辈革命家和钱学森等老一辈科学家的积极倡导下，航天人就开始树立起“严肃的态度、严谨的作风(严格的要求)、严密的方法”的“三严”作风，成为保证“两弹一星”研制和发射成功的法宝。

20 世纪 60 年代，针对航天型号技术复杂、质量与可靠性要求高的

---

① 航天工业总公司强化航天科研生产管理的若干意见，即“七十二条”。

② 国防科工委关于加强国防科技工业质量工作若干问题的决定，即“三十条”。

③ 航天工业总公司实施外协、外购产品控制，并对合作厂家质量保证能力进行评价，严格进货检验，对元器件实施“五统一”管理：统一选用、统一采购、统一监制验收、统一筛选复验、统一失效分析。

④ 航天工业总公司关于强化型号质量管理的若干要求的通知规定，即“二十八条”。

⑤ 对质量问题实施归零“双五条”标准，就是质量问题技术归零五条标准、管理归零五条标准。

特点,周恩来总理提出了“严肃认真、周到细致、稳妥可靠、万无一失”的十六字方针。几十年来,十六字方针一直作为航天科技工业科研生产及质量管理工作的指导思想,深深地印刻在每个航天人的脑海里,自觉地体现在行动上。

改革开放以来,航天科技工业借鉴国外先进的质量管理理论和方法,推行全面质量管理,贯彻国务院和中央军委批准发布的《军工产品质量管理条例》,并依据国际标准和航天工业的特殊要求建立了质量管理体系。

1992 年 3 月 22 日,长征二号捆绑式火箭发射澳大利亚卫星失利,矗立在发射台上的长征二号 E 火箭实施点火后终止发射。航天人有着许多辉煌而又难忘的纪念日,却将 3 月 22 日记载着发射失利这一刻骨铭心的日子作为航天质量日,每年 3 月 22 日前后开展一系列质量教育活动,做到警钟长鸣。

在 1996 年发射卫星两次失利之后,面临“失败不起,只能成功”的严峻局面,航天人从转变思想观念人手,认真总结成功经验和失败教训,制定了一系列强化质量管理的规章和标准,进一步强化质量工作的规范管理。针对元器件的突出问题实施了“五统一”的管理办法;针对型号研制过程中发生的质量问题,制定并实施了“技术归零”和“管理归零”的“双五条”标准;针对航天型号研制中的管理等问题,制定了“强化航天科研生产管理的若干意见(七十二条)”,针对疑难、多发的质量问题,开展质量专项技术改造工作;加强质量与可靠性技术研究、失效分析、软件评测、标准化等方面的专业机构和专业队伍建设,扭转了航天产品质量状况的被动局面,并随着工作任务的发展,不断充实完善,形成了一套具有中国航天特色的质量管理制度和办法。

4.3.1 “严肃认真、周到细致、稳妥可靠、万无一失”的工作方针

每个导弹、火箭、卫星工程都是由多个分系统,几万个甚至几十万个元件、器件、零件构成的有机整体,其中一个元件的故障就可能导致全系统的失败。针对航天型号产品具有技术结构复杂、质量与可靠性要求高、参与研制单位多等特点,周恩来总理 20 世纪 60 年代提出的“严肃认真、周到细致、稳妥可靠、万无一失”的十六字方针,成为从事

导弹、火箭、卫星研制和试验的重要指导方针，是航天科技工业的宝贵精神财富。

“严肃认真”，强调工作态度，就是要具有忠于职守的工作态度。航天产品研制生产需要严谨务实、精益求精的工作作风，需要事前的严密策划，全过程的严格控制，发现质量问题后的严肃处理。认真开展质量问题归零管理就是落实“严肃认真”的具体措施。

“周到细致”，强调工作方式方法，就是要求精益求精的工作方式和方法。元器件选用、采购、监制验收、筛选复验到失效分析全过程的五统一管理，大型试验、靶场试验实施表格化管理，对测试的覆盖性进行管理等就是“周到细致”的具体体现。

“稳妥可靠”，强调工作要求，就是对工作高标准的要求。开展型号研制全过程的系统策划和可靠性设计、分析、试验等活动，特别是开展故障模式、影响及危害性分析（FMECA），降低和尽量规避大的风险，就是落实“稳妥可靠”的要求。

“万无一失”，强调工作目标，就是要不懈追求的工作目标。“一次成功”、“零缺陷管理”就是在型号研制中对“万无一失”的体现和落实。

航天某型号研制生产基地为圆满完成型号飞行任务，研制人员针对所确定的“确保型号成功发射、飞行安全、准确击中目标”质量目标，在总结前几次飞行试验成功经验的基础上，修订、编制了针对该型号的《产品质量管理要求》等一系列管理文件和标准。这样，由近千项标准和规范构成的标准体系，覆盖了型号研制的所有阶段的细枝末节，对技术状态控制、元器件控制、单机部件控制、产品验收过程、软件工程化管理、整机总装、测试和大型试验质量控制、关键技术复核复算、可靠性和安全性管理、质量问题归零管理等方面，提出了明确、具体的要求。研制人员把质量目标和质量要求在研制各阶段进行了分解，确定了型号总装、地面测试、大型环境试验、出厂前准备四个阶段的质量目标和质量控制点。这样，就为该型号的研制和飞行试验，奠定了成功的基础。

承担试验任务的基地，同样具有严格的要求：“不放过任何一个问题，不带任何问题上天，对所出现的问题，均需严格按归零标准进行归零，否则测试流程不能往下进行。”所有研制单位的参试人员都深有感触，虽然导弹由研制方研制，对导弹的情况最清楚，但也会有所疏漏。试验基地始终坚持“不放过任何一个问题，直到问题归零为止”。实践证明，这种工作作风和工作态度是正确的，是飞行试验取得成功的有力保证。在对该型号进行的测试过程中，曾出现电点火系统测试台工作不稳定造成电源异常带电等问题。问题出现后，相关人员做了大量工作，试验队也尽快完成问题归零工作。通过归零工作，参试人员的质量意识又大大提高了一步，通过归零工作也找到了技术工作和技术基础工作的薄弱环节，进一步加强了管理。试验最终取得了成功，这是与试验基地严格把关、不放过任何一个问题分不开的。

几十年来，周总理的“十六字方针”已影响了几代航天人。这一航天产品研制生产及管理工作包括质量管理工作的指导思想，不仅产生了巨大的精神力量，也产生了巨大的物质力量，结合航天产品研制生产新的质量形势和质量要求，不断赋予其新的内涵，以此作为航天系统工程的质量基石。

4.3.2 “严、慎、细、实”的工作作风

从“三严”作风到周总理提出的“十六字方针”，再到胡锦涛主席2004年在载人航天总结表彰大会上充分肯定的“严、慎、细、实”的作风，传承着我国航天科技工业独特的质量文化内涵。“严、慎、细、实”是当代航天人结合新的形势和任务对“十六字方针”所赋予的新内涵，是航天产品研制生产中实现零缺陷质量管理的精髓，其实质就是强调严谨、审慎、细致、扎实的工作作风，强调高标准、超严格、精细化的过程控制，强调责任明确、保障落实、吃透技术、信息通畅、监督有效、故障归零的工作状态。深化型号研制的系统工程质量管理就要把“严、慎、细、实”在全员、全方位、全过程加以系统地落实，实施规范化、精细化的型号质量管理[10]。

“严、慎、细、实”是针对型号产品的特殊性所形成的工作作风。以“严肃的态度、严格的要求、严密的方法”的“三严”作风和工作中科学求实、周到细致、关注细节的科研作风，确保各环节准确无误。在型号研制生产的全过程，每一个环节、每一个零件、每一个数据、每一个质量隐患、每一项具体工作，都要严上加严、慎之又慎、细上加细、实之又

实。实现每个零部件、每道工序的“零缺陷”，确保最终产品的“一次成功”。

“严、慎、细、实”的工作作风，要求航天人根据航天产品具有技术结构复杂、研制周期较长、投资大和协作单位多的特点，实施系统策划；要求航天人在航天型号产品的研制中，不是进行一般意义上的理论探索和科学试验，而是强调吃透技术；要求航天人根据每个数据、每个零部件、每项工作的“零缺陷”要求，强化零缺陷的全过程管理。

通过严格质量问题归零管理，强化“严、慎、细、实”的工作作风。

在航天产品研制生产过程中，质量缺陷、故障时有发生。因此，可以把处理这些已发生的质量问题称为“救火”，把预防质量问题的发生称为“防火”。通过分析“救火”与“防火”的辩证关系，注意从“救火”中摸索“防火”的规律，强化有效防范措施。

质量问题技术归零的五条要求是：定位准确，机理清楚，问题复现，措施有效，举一反三。

质量问题管理归零的五条要求是：过程清楚，责任明确，措施落实，严肃处理，完善规章。

质量问题的技术归零和管理归零，实质是“严、慎、细、实”工作作风在处理质量问题上的具体体现，是确保产品质量的一项重要手段，是防止质量问题重复发生的重要保证。对于质量问题而言，归零工作是有效的“救火”措施；但是对单位，它可以通过对质量管理体系中缺省链条的完善，从源头上加以预防，将归零的措施纳入相关文件，形成制度，杜绝质量问题的重复发生，起到“防火”的作用。

4.3.3 航天质量保障措施

1. 航天工业总公司“七十二条”

1997年，为进一步加强航天科研生产管理，优质高效地完成航天科研生产任务，针对航天科研生产管理上存在的问题，在总结经验的基础上，航天工业总公司组织制定并发布了“中国航天工业总公司强化航天科研生产管理的若干意见（试行）”，在管理体制、技术政策与型号管理、研究与设计、试制与生产、地面试验与飞行任务、质量管理与监督、技术保障与物质供应、队伍建设与奖惩、思想政治工作等方面共提出了72条要求，称之为“七十二条”。具体内容见“七十二条”文件。

2. 航天工业总公司“二十八条”

1997年，为了提高产品质量与可靠性，确保科研生产和各项飞行任务的圆满完成，针对质量管理和技术管理上暴露出的问题，在强化质量法规、标准的实施，全面推广强化质量管理措施和做法的基础上，航天工业总公司制定并发布了“强化型号质量管理的若干要求”，在型号设计、生产及元器件、原材料、标准件等方面提出了28条质量管理要求，称之为“二十八条”。具体内容见“二十八条”文件。

“七十二条”、“二十八条”系统规范了航天型号研制、制造过程的质量保证和质量管理活动，培养了队伍，促进了质量责任制的落实和设计、制造过程的改进，完善了质量监督，建立了文件化的质量体系，提高了质量保证能力。通过抓型号质量保证的实践，在不断总结“救火”经验的同时，寻求“防火”的规律，把抓产品质量与抓质量体系建设紧密结合起来。特别是“二十八条”措施，各单位结合重点型号狠抓贯彻实施，大大减少了故障损失，提高了飞行试验成功率，增强了质量基础建设，质量保证能力得到了明显的提高，并且这些行之有效的措施已纳入了QJ 9000标准之中，进一步提高了满足航天产品日益增长的高可靠性要求的能力。

3. 国防科工委“三十条”

为贯彻落实《国务院关于进一步加强产品质量工作若干问题的决定》(国发[1999]24号)，加强军工产品质量工作，提高国防科技工业质量管理的总体水平，结合国防科技工业质量工作的一些突出问题，2000年3月17日，国防科工委发布了《国防科工委关于加强国防科技工业质量工作若干问题的决定》(科工技字[2000]119号)。规定中，在“坚持质量第一，加强质量管理；加大管理力度，落实质量责任；强化素质教育，深化体系建设；严格过程控制，健全监督机制”四个方面提出了30条具体要求，简称“三十条”。具体内容见“三十条”文件。

4. 质量问题归零“双五条”

质量问题归零“双五条”是指质量问题技术归零的五条要求和质量问题管理归零的五条要求。

(1) 质量问题技术归零

针对发生的质量问题，从技术上按“定位准确、机理清楚、问题复现、措施有效、举一反三”的五条要求逐项落实，并形成技术归零报告或技术文件的活动。

“定位准确”是指确定质量问题发生的准确部位。

“机理清楚”是指通过理论分析或试验等手段，从理论和实践上说清并确定质量问题发生的根本原因。

“问题复现”是指通过试验或其他验证方法，确认质量问题发生的现象，验证定位的准确性和机理分析的正确性。

“措施有效”是指针对发生的质量问题采取纠正措施，并通过验证确保质量问题得到解决。

“举一反三”是指把发生的质量问题的信息反馈给本型号、本单位和其他型号、其他单位，检查有无可能发生类似模式或机理的质量问题，并采取预防措施。

(2) 质量问题管理归零

针对发生的质量问题，从管理上按“过程清楚、责任明确、措施落实、严肃处理、完善规章”的五条要求逐项落实，并形成管理归零报告或相关文件的活动。

“过程清楚”是指查明质量问题发生和发展的全过程，从中找出管理上的薄弱环节或漏洞。

“责任明确”是指根据质量职责分清造成质量问题的责任单位和责任人，并分清责任的主次和大小。

“措施落实”是指针对管理上的薄弱环节或漏洞，制定和落实有效的纠正措施和预防措施。

“严肃处理”是指对由于管理原因造成的质量问题严肃对待，从中吸取教训，达到教育人员和改进管理工作的目的。对重复性和人为责任质量问题的责任单位和责任人，根据情节和后果，按规定给予处罚。

“完善规章”是指针对管理上的薄弱环节或漏洞，健全、完善规章制度并加以落实，从制度上避免质量问题的发生。

航天质量问题归零的“双五条”，近年来已经被众多航天工程的成功实践所证实，成为航天人确保航天型号产品质量的法宝；同时，也在整个国防科技工业领域得到推广应用。

4.4 航天型号质量系统工程过程控制

航天型号质量系统工程过程控制，是针对航天型号研制程序和生产过程、交付使用等阶段实施的。航天型号质量系统工程过程控制一般分为：论证阶段质量控制、方案阶段质量控制、工程研制阶段质量控制、定型阶段质量控制、生产过程质量控制、产品交付质量控制、技术状态管理质量控制、放行准则等[11]，如图 4－14 所示。

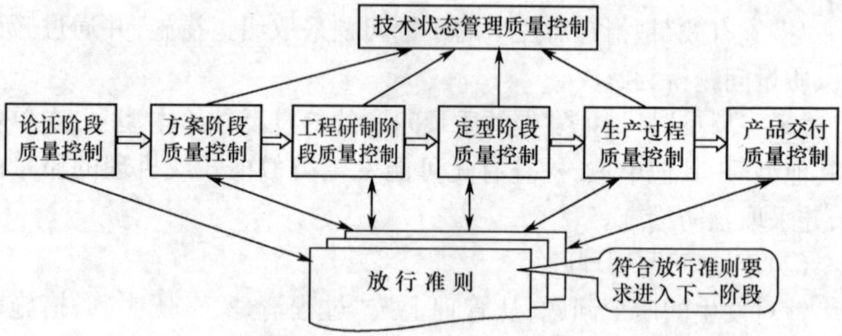

图 4－14　航天型号质量系统工程过程控制图

4.4.1 论证阶段质量控制

论证阶段在如下五个方面进行质量控制。

1. 在任务分析的基础上确定战术技术指标

战术技术指标反映了型号的适用性，即型号的具体质量目标。适用性和质量目标确定得先进适用而又切实可行，对保证“一次成功”关系很大。因此，必须通过任务分析方法来确定型号的战术技术指标，控制论证质量。

首先，进行任务分析，对型号或系统所要完成的功能、用途，以及从提供产品开始到完成规定任务过程中可能经历的事件和环境作出描述，对任务有明确、统一的规定和理解；其次，在对任务作出规定的基础上，找出这一型号的研制特征和技术难点，分析突破关键技术的基础，确认对设计最有影响的约束条件和综合环境要求；第三，提出任务成功、失败的判断准则。在上述分析的基础上，根据系统功能要求、研制经费和周期，结合预先研究成果、资源条件，对技术可行性、经济合理性、每一阶段的风险点等因素进行全面分析，综合权衡，确定可能达到的战术技术指标。

2．编制型号研制质量控制程序图

作为控制型号研制质量的一项有效措施，必须在论证阶段组织编制每一具体型号的研制程序。当系统的研制程序制定出来后，各分系统也应结合自己的特点，制定出与系统协调一致的分系统研制程序。为在型号研制中深入开展质量与可靠性工作，应有统一的计划，还应结合研制程序，制定型号质量控制程序，明确规定各阶段质量管理应进行的主要工作内容、质量控制点以及型号研制过程中使用的主要质量管理文件。质量控制点是指在研制过程中为对前一阶段工作进行审查、认可、监督，对下一步工作提出改进建议所设立的控制环节，一般又称为评审点。质量控制程序通常以网络图的形式来表示，称为质量控制程序图。型号研制质量控制程序图是制定型号研制质量工作计划和实施质量目标管理的依据，对提高科学管理水平，提高研制工作质量有重大意义。论证阶段质量控制的主要内容及程序如图 4－15 所示[9]。

3．论证中处理好需要与可能的关系

作战使用要求和战术技术指标经使用部门提出，就必须去实现，以提高型号产品的适用性。但为保证研制质量，实现“一次成功”，从需要与可能两方面作通盘考虑是非常必要的。如果单纯从使用要求出发，不考虑现实与可能，提出过高的不切实际的指标，就可能走弯路，出现研制工作的反复，延误研制周期。因此，在指标论证过程中，应反复与使用方协商，以使指标先进适用、合理可行，保证总体方案所选定的关键技术有相当的把握。作为质量管理应关注以下 3 点。

1）技术指标、关键技术和攻关课题的确定，必须经过充分的调查研究、分析对比，必要时，需经过试验（或模拟试验）验证。

2）拟采用的新技术、新工艺、新材料，必须经过试验、鉴定后方能在型号产品设计中应用。

3）为满足新型号的特殊要求，急需应用尚未通过鉴定的技术时，必须在型号总体设计结束前取得突破。

内容及要求	战术技术指标可行性论证 方案设想与技术途径 提出支撑性预研课题 研制周期经费概算 提出型号研制程序 审定“可行性论证报告”
完成标志	可行性论证报告 （含可靠性论证报告）
产品状态	

图 4－15　论证阶段质量控制图

4．进行可靠性预测分析

质量控制必须从头抓起，在论证阶段要进行可靠性初步预测分析，可靠性的定性要求要反映到《型号系统总要求》和将要签订的研制合同中去，以保证研制方和使用方的理解一致。

5．组织论证阶段评审

论证阶段结束时要写出《论证报告》，对使用方的《研制任务书（草案）》提出修改意见，报告的论证必须充分、可靠、数据准确。论证报告要严格审核，逐级上报。为保证论证工作的质量，要组织论证阶段质量评审，重点审查战术技术指标是否合理可行，方案是否恰当，研制关键、技术难点是否明确，依据的科技信息是否可靠，《型号系统总要求》论证是否充分、准确、完整。

4.4.2 方案阶段质量控制

方案阶段的主要工作是方案论证、方案设计、模样研制、制定质量和可靠性保证大纲等纲领性文件及拟定大型试验的初步方案等，该阶段的质量控制也是紧紧围绕这些工作而进行的。方案阶段质量控制的主要内容及程序如图 4－16 所示。

内容及要求	总体与分系统方案论证 方案原理性试验 可靠性指标分配、预计 提出可靠性验收方案 编制型号质量、可靠性等大纲 拟订可靠性设计准则要求 确定研制程序经费预算 审定“方案论证报告”
完成标志	完成“方案论证报告”，提出各分系统研制任务书
产品状态	原理样机

图 4－16　方案阶段质量控制图

1．编制型号质量和可靠性保证大纲

型号质量和可靠性保证大纲是根据产品的质量和可靠性工作项目、保证措施所制定的质量和可靠性总体规划的纲领性文件。一般在型号总指挥、总设计师领导下，由型号总体设计部在质量部门的协助下编制。主要包括以下内容。

1）提出所需的质量和可靠性保证要求、控制程序，以及各研制阶段质量和可靠性控制必须进行的工作项目、进度要求、可靠性指标及保障条件。

2）明确定量要求，即可靠性指标、维修性指标、安全性指标，以及与之相应的任务剖面、寿命剖面的描述、故障判据。

3）明确环境条件，提出可靠性设计的准则，可靠性建模，指标分配、预计、验证和评定要求，故障模式、影响与危害性分析要求等，合理设置设计质量、工艺质量和产品质量评审点。

4）从保证所有的部件、材料、元器件的质量出发，提出“优选目录”和选用的基本要求、筛选条件。

5）提出质量和可靠性数据、信息管理要求，包括数据、信息提供的范围、项目、形式、传递程序和时间。

6）提出可靠性试验和验证要求，预定试验和验证的项目和试验要求。

7）规定实施大纲要求所需的组织管理、技术措施和具体的责任者，明确对大纲本身的管理要求和执行情况的检查及监督办法。

2. 搞好方案论证的质量控制

方案论证将确定总体方案和技术途径，方案论证的工作质量在研制过程中对产品质量起决定性作用。力求论证充分，设计思想明确，对技术的先进性与继承性选择恰当，对可靠性、维修性和安全性考虑充分；对各分系统的要求明确、合理。方案论证阶段的质量控制工作应坚持以下原则。

1）方案论证周密性原则。在充分调查研究的基础上，设计多方案并从中选优。

2）总体优化的原则。对技术途径的选择，不仅要考虑技术指标的先进性，而且要从系统整体出发，权衡利弊，确保系统总体方案的优化。

3）在充分继承的基础上力求先进性的原则。处理好采用新技术和继承性的关系，尽量采用成熟的技术，提高产品继承性，同时也应积极采用先进技术，敢于创新，以保证新型号具有一定的先进性。坚持型号发展遵循“基本型、系列化”的方针。

3. 确立关键课题，组织技术攻关

为使研制能顺利实现“一次成功”,必须根据技术方案的要求和特点,拟定出关键技术和与之相应的研究课题,进行关键技术攻关,取得成果,经过专家评审后,转入工程研制。

4. 加强模样研制的质量控制

一要做好技术协调工作,模样研制中总体与分系统间、分系统与分系统间有大量的技术协调工作,须全面考虑,对经协调确定的重大问题,要编制出技术文件;二要做好对模样技术状态的记录,以便为转入工程研制提供可靠的依据;三要对所用原材料、元器件进行控制,尽量在已有的优选目录中选用。

5. 组织转阶段评审

转阶段评审的重点是:设计方案的正确性;新技术(新工艺、新材料)采用的必要性和试验、鉴定的情况;可靠性预计、分析是否合理恰当;重大关键技术的解决情况;大型试验的统筹安排是否合适。通过评审,为型号是否转阶段提供决策依据。

4.4.3 工程研制阶段质量控制

工程研制阶段是型号研制中的关键阶段,要进行初样、试样的研制和试验。在工程研制阶段,将把方案阶段确定的技术方案和技术途径,经过设计、试制,变成全尺寸的实物,再经过试验验证,使方案更趋完善;同时将进一步做好总体和分系统、分系统各设备之间性能参数和技术接口的协调工作;通过试验考核产品对环境的适应能力,验证评估产品的可靠性、维修性和安全性;通过试制验证设计的合理性和产品的可生产性。

通常工程研制阶段的质量控制分为初样阶段的质量控制和试样阶段的质量控制。

1. 初样阶段的质量控制

初样研制阶段质量控制的主要内容及程序如图 4-17 所示。

根据批准的初样研制任务书的要求进行初样的设计、试制、装调、试验和改进。该阶段通过工程样机的试制、试验,验证设计和制造工艺的符合性和可行性,进一步完善设计方案,为试样研制提供全面、准确的依据,主要工作如下。

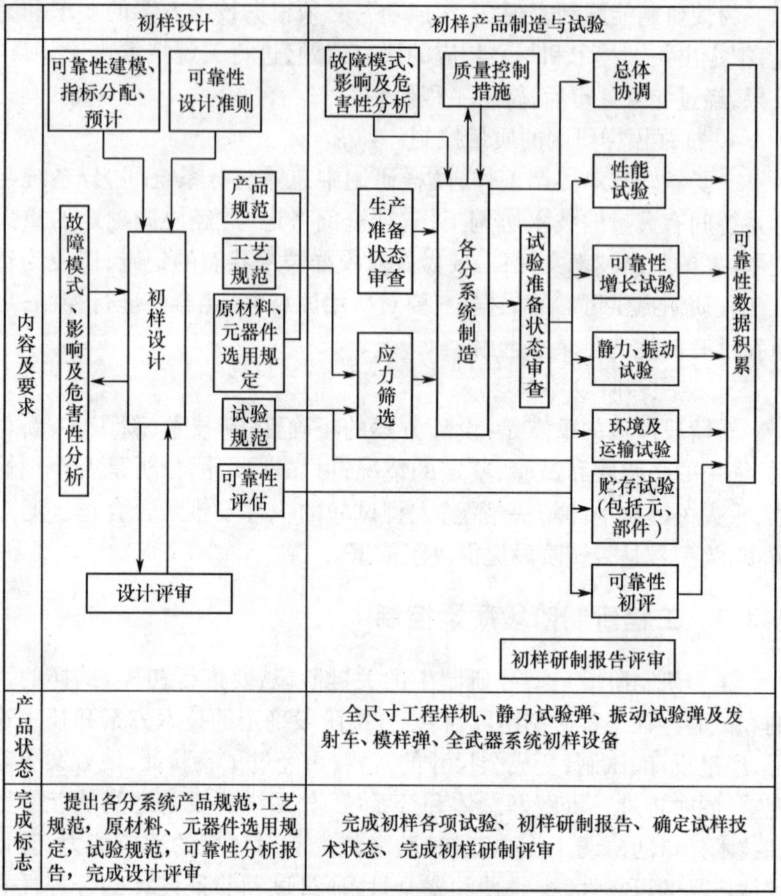

图 4－17　初样研制阶段质量控制图

1）编制本阶段详细的研制计划流程图,明确设计所依据的标准、规范、设计准则和试制、试验规范,确定质量控制点并按其实施控制。

2）修订和执行型号质量保证大纲,建立和完善质量管理系统,明确职责;建立质量可靠性模型,依据可靠性、维修性规范进行可靠性、维修性设计。

3）拟定“试制质量保证措施”,对初样试制进行质量控制。

4）进行可靠性分配和预计,并根据初样试验和统计数据进行产品可靠性初步评估。

5）利用FMEA(故障模式分析)、FMECA(故障模式、影响及危害性分析)分析技术进行功能特性分析，确定关键件(特性)、重要件(特性)，在设计文件上加以标识，并对其实施重点控制。

6）进行技术状态管理，实施技术状态标识、控制、纪实和审核，按有关规定进行设计文件的更改，设计过程执行三级审签制度，工艺、质量会签制度和标准化检查制度。

7）按有关规范进行设计质量评审、工艺质量评审和产品质量评审。

8）建立质量、可靠性信息管理系统，开展信息收集、统计、分析、传递和处理工作。

9）编制初样试验大纲，进行初样阶段规定的各项试验，如风洞试验、弹体力学特性试验、振动试验、各分系统功能试验、仿真试验、可靠性试验、电磁兼容性试验、环境试验等；严格按试验规范进行试验，执行岗位责任制、留名制、信息反馈制，有效控制试验质量。

10）控制原材料、元器件在优选目录中选用，严格入库检验，按技术条件进行元器件老化、筛选。

2．试样阶段的质量控制

试样研制阶段质量控制的主要内容与程序如图4－18所示。

试样阶段是通过型号飞行试验样机的设计、试制和试验，全面检查型号武器系统性能的阶段。该阶段质量控制应特别做好以下工作。

1）修订并严格执行产品质量、可靠性保证大纲，制定严格的质量保证措施，明确本阶段工作项目和质量控制点，对试验设计和制造进行严格控制。

2）有效地控制设计技术状态，凡经总体验证可行的技术状态，予以稳定；凡经试验已达设计指标的产品，冻结技术状态；已经确定的总体和分系统、分系统与设备接口参数不能随意改动。

3）开展工艺设计，组织工艺审查，形成较为稳定的工艺规范；组织生产前准备状态检查，对试样生产进行控制。

4）对试样进行功能试验、可靠性增长试验、可靠性验证试验、环境试验、贮存试验，依据试验结果，进行可靠性评估。

5）按规范对试样进行设计评审、工艺质量评审和产品质量评审，

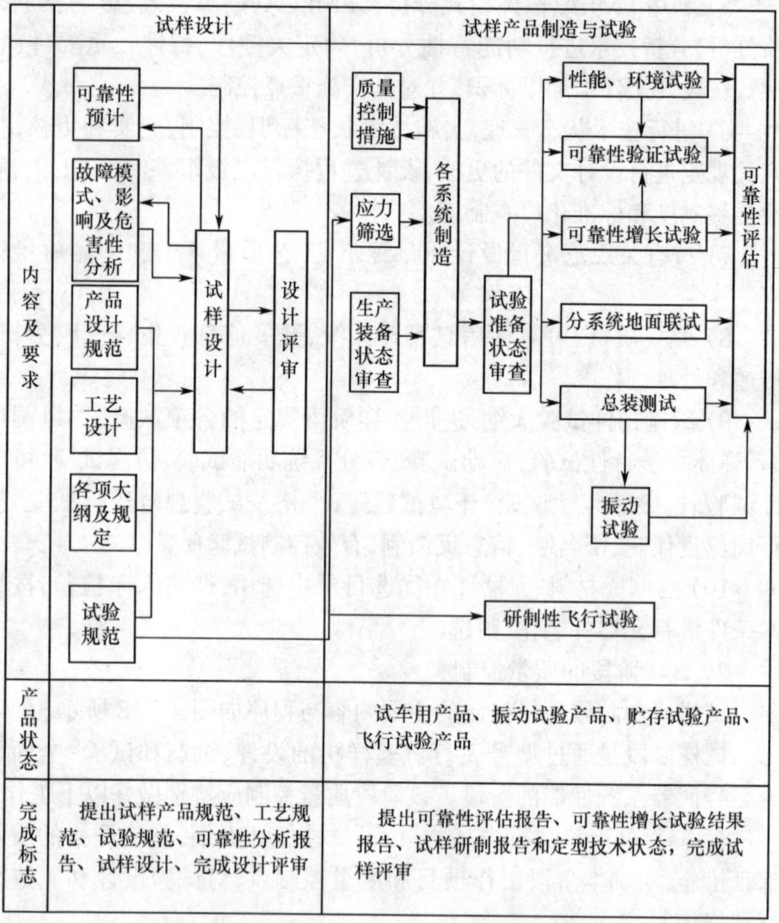

图 4-18　试样研制阶段质量控制图

按软件质量管理要求对软件质量进行评测。

6) 对试验进行质量控制。试样阶段的试验，特别是飞行试验是试样阶段的一项重要工作内容，也是检验设计方案、产品质量的必要手段。地面系统试验、环境适应性试验必须充分并真实地模拟实际情况，以便彻底暴露隐患和疑点。必须严格按试验程序进行飞行试验，明确质量职责，实行留名制、反馈制，参试人员填报质量责任卡，确保各项工作不出纰漏。

7）组织质量复查，为保证试样设计和产品质量，组织对设计文件、使用文件和资料、各种试验资料、生产报告和记录的复查，以保证设计文件的准确性、完整性，设计方案、技术状态的正确性，技术接口的协调性和原始数据、计算结果的正确性。

8）组织开展有利于保证飞行试验成功的质量管理活动，如“双想”活动等。

4.4.4 定型阶段质量控制

定型阶段是型号进行设计定型和工艺定型，接受国家鉴定、验收的过程，必须全面考核型号产品性能是否满足研制任务书的要求。主要任务是进行定型产品的设计、制造，对定型产品进行鉴定性地面试验和飞行试验，全面考核型号产品的战术技术指标、系统的协调性和操作使用性能；整理鉴定设计文件，审查各种文件的完整性、正确性以及与产品状态的一致性；整理和鉴定工艺技术文件，审查工艺的合理性、工装设备的完整性和配套性。质量控制必须紧紧围绕上述工作进行，定型阶段质量控制的主要内容与程序如图 4－19 所示。

1．加强设计质量控制

保证设计文件正确齐套，满足产品设计定型要求；保证产品战术技术性能指标完全达到研制任务书或合同要求；产品设计的安全性、可靠性、维修性和环境适应性应满足任务书或合同要求；保证工程研制阶段存在的问题、发生的故障得到解决，采取的措施要在设计文件中得到落实；遗留问题得到解决；试验成功的技术状态予以冻结。

2．抓好定型批产品的制造质量

严格按定型状态的设计文件生产。工艺文件、工艺装备确保能生产出合格的定型产品。选择设计文件规定的原材料、元器件并严格检验、保管、发放。严格生产过程检验和试验，对不合格品按规定进行标识、隔离、审理，确保生产出符合定型要求的产品。

3．抓好定型试验

试验条件要模拟真实的使用环境，试验产品的状态要与定型状态一致。试验前进行状态评审，校准试验测试设备，以保证测试数据的

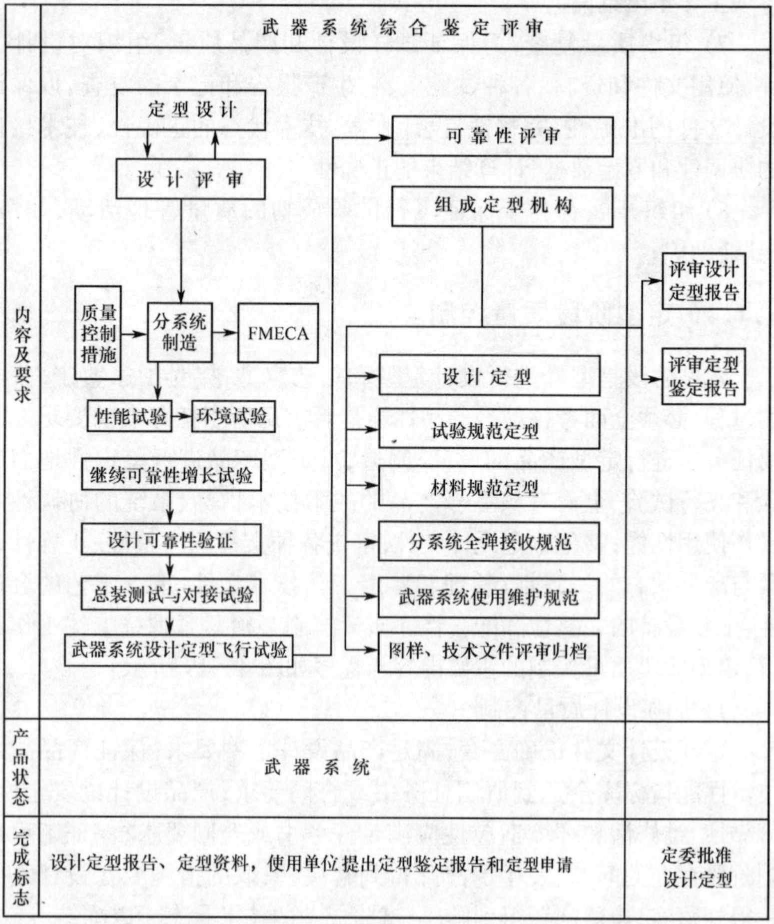

图 4－19　定型阶段质量控制图

真实性和正确性。

4．组织好定型文件资料整理、归档

整理、检查定型的设计文件和工艺文件，保证定型文件与确定的产品状态相一致。成套技术资料是型号研制的成果，要认真整理、归档。

5．组织好定型产品质量复查

为保证定型产品的质量，应组织对设计文件和资料、各种试验资料、生产报告和记录的复查，以保证设计文件的准确性、完整性以及与定型产品的一致性。审查产品存在的问题和措施落实情况，为保证设计定型飞行试验成功和设计定型打下良好的基础。

6. 抓好工艺定型工作

通过工艺定型，完善和稳定生产工艺，强化工艺质量控制，适应批生产要求。采用已完成工艺定型的技术文件和工艺装备，必须能生产出符合设计要求、质量稳定、经济性好的产品。工艺定型的主要工作包括以下几点。

1) 制定批量试生产工艺总方案。

2) 整理产品全套工艺文件。

3) 设计、生产必要的工艺装备和专用设备，并对其进行鉴定。

4) 编制材料消耗定额和工时定额。

5) 编制各种工艺指导资料、专业工艺文件、工艺方法说明书和各种定型归档文件目录。

6) 编制工艺定型总结报告和专题技术总结报告等工艺定型会议文件。

4.4.5 生产过程质量控制

生产过程质量控制的基本要求是为实现设计质量标准，对人、机、料、法、环诸要素进行管理和控制，以保证稳定、经济地生产出使用方满意的产品。主要有以下几点要求。

1) 进行生产操作所使用的工艺文件、作业指导书和质量保证文件能保证生产出符合设计和合同要求的产品；生产、测试设备和工艺装备经鉴定合格；原材料、元器件检验合格；工作环境符合规定；检验、试验和操作人员经考核合格，持证上岗。

2) 关键件、重要件、关键工序、特种工艺要制定特殊的技术文件和质量控制程序。实施重点控制的方法和手段一般包括：编制和执行专门的质量控制程序和工艺规范；进行百分之百检验；详细填写质量记录，保证可追溯性；对不合格品处理严加控制；产品的标志清晰醒目；设置专用的质量跟踪卡或控制图等；定期校准生产、试验设备，定期检测工作环境和化验工作介质。

3）制定并实施批次管理制度，建立完整的原始记录。执行技术状态和工艺更改制度，对重要的技术更改必须进行系统分析、论证、试验，并按规定履行审批手续。

4）产品检验和试验严格遵守程序、规范和技术标准。检验合格的成品、半成品、在制品和外购产品要有识别标志和合格证明。

5）对不合格品的处理必须坚持“三不放过”的原则，即原因不明不放过，责任查不清不放过，纠正措施不落实不放过。

6）严格控制多余物。在工艺文件和检验规程中要明确规定多余物控制措施，严格现场管理，做到文明生产。检验人员要对现场监督、检查。

7）执行质量信息报告制度，收集、处理质量与可靠性信息。

4.4.6 产品交付质量控制

产品应在检验、试验并确认其符合设计技术指标和合同规定内容要求后提交用户验收。交付时应提供相应的产品合格证明文件，必要时提供产品检验、试验结果及质量问题故障归零情况等文件资料。用户有要求时还应提供有关最终产品技术状态更改执行和用户要求项目内容的落实情况。

产品交接应填写交付产品交接记录。

产品交付后，按有关规定对用户进行技术培训及售后服务工作。

4.4.7 技术状态管理质量控制

技术状态是指在技术文件中规定的并在产品上最终实现的硬件、软件的功能特性或物理特性。技术状态管理，就是运用行政手段以保证对产品的技术状态进行标识、控制、纪实和审核的活动；也是对设计文件以及依据它生产出来的产品进行系统的文件化管理。技术状态管理具有系统性、完整性、连续性、严密性、全面性和标准化等特点。它反映了型号研制、生产、使用的客观规律，使系统、分系统的研制工作能有序进行，使设计更改受到控制、形成文件并可追溯，接口有明确定义并便于理解，产品与其支持文件保持一致。

在研制过程中产品技术状态的逐步确定及不断完善是客观存在的,应对其进行动态质量管理,使之始终处于受控状态。在研制过程中要从设计、试制和调试三个方面严格控制技术状态,坚持从技术状态标识、控制、纪实、审核四个方面进行有效的技术状态管理。严格控制技术状态需要做到:落实基线管理准则;建立设计技术状态表制度;管理好基本技术状态、技术状态表,以保证再生产的准确无误;严格现场技术状态管理等。

根据型号特点,对导弹及地面装备提出技术状态标识及控制要求。通过总体技术文件确定技术状态控制项目及设计要求,并以总体设计要求、技术任务书等文件传达至各分系统,确保全系统受控。

严格控制设计更改,对任何技术状态的变更都要充分论证其必要性、可行性及正确性,并进行充分的地面试验验证,按规定严格进行评审,履行审批手续。涉及到其他相关系统或重要的技术状态变更要提高审批级别,重要更改要组织专家进行评审。

在型号研制转阶段、大型试验及飞行试验进场等环节应根据具体情况,组织开展技术状态清理复查活动。技术状态清理工作应实行归口分级管理, 建立登记、建账与报告制度。整机单位报分系统抓总单位,分系统抓总单位报总体部,并由总体部汇总,进行技术协调性分析,建立技术状态变化登记表并作为总指挥、总设计师系统的决策依据。

通过实行动态、规范的技术状态管理,确保"两总"系统、总体部和各级管理部门对武器系统的技术状态变化情况一清二楚,从而保证研制工作的顺利进行。

4.4.8 放行准则

所谓"放行准则",是在重要试验环节和节点上,明确系统功能和为保证功能实现所做工作的基本标准和规定。

"放行准则"分通用放行准则和专用放行准则。通用放行准则是航天系统对产品验收、出厂、转场、加注(适用于液体型号产品)、发射前等几个阶段提出的。专用放行准则是质量部门按通用放行准则的要求结合具体型号制定的,专用放行准则由承担任务的总包单位行政主要领导签发后报上级主管部门审批。经批准的放行准则要严格执行，不符合放行准则要求的型号产品，不允许转入下一工作阶段。放行准则可供研制单位内部控制使用，也可作为上级机关对型号实施质量监督的重要依据之一。

研制过程的各阶段质量放行准则，需要进行严格的评审。型号出厂前，必须经过技术认定、评审后，才能放行；靶场的放行准则是，在完成技术阵地工作后，通过技术认定、评审，进入放行程序，只有经过评审合格后，才能放行，进入到发射前的运转程序。放行准则需要结合不同型号，在不同的环境、地点落实技术认定、评审工作，型号只有符合放行准则的要求后，才能进入下一阶段的研制工作。

例如，某型号研制生产、试验放行准则包括出厂交付放行准则和转场发射放行准则两个部分。

1．出厂交付放行准则

1）设计及工艺状态符合型号试验相应技术状态、制造验收技术条件及有关技术协调文件的要求。所有技术状态更改均按规定严格履行了审批手续，做到文、图、物一致。

2）生产、总装、测试及出厂交付前各项试验中所采用的工艺文件齐套、签署完整，符合相关标准要求。严格执行工艺文件，生产工艺和产品质量稳定可靠。未采用禁用、限用的工艺，如确需使用限用工艺，须有论证及验证试验报告并经过审批。关键工序的质量控制符合航天标准的规定。

3）设计、生产、总装、测试及出厂交付前各项试验中用于检验、试验及测试的仪器设备符合相应技术条件要求，经计量检定合格，并在有效期内。

4）所有返工、返修、超差、代料均履行了规定的审批手续，并落实到位，记录完整。返工、返修的产品须经确认可用。

5）元器件按“五统一”要求严格把关，半导体器件100％经过破坏性物理分析（DPA）；焊接产品按照原航天工业总公司《关于航天产品研制生产中严格执行新焊接标准的通知》的相关要求检验合格，有明确可用的结论。

6）软件产品的开发、使用和维护等过程满足软件工程化管理要求。各软件状态符合相应技术状态要求,通过集团公司授权检测单位的独立测试,测试合格,并完成软件版本冻结。

7) 根据型号技术状态中设备配套表的要求,所有零、部、组件均按要求验收合格,交付型号总装的产品及配套设备均需通过出部(厂、所)质量评审,对评审中提出的问题采取了适宜、有效、充分的措施,无遗留问题,有签署完整的《产品证明书》或《产品合格证》及相应的配套资料和工具。

8) 型号经总装测试合格,并按要求完成了出厂交付前的各项测试试验,测试、试验结果符合规定要求。

9) 所有参试设备按型号试验大纲中设备清单配套齐全,标识清晰。所有设备经复查、维护、检修及对接试验,状态良好,满足试验要求,并在预定试验期间均处于检定合格期内。

10) 设计、生产、总装、测试及出厂交付前各项试验中的质量原始记录完整、准确、清楚,有签署完整的《产品质量履历书》,具有可追溯性。按型号试验大纲中资料清单提供有效、齐套、协调的技术资料和质量证明文件,签署完整,有产品合格结论。

11) 完成了《型号试验安全性分析》报告的编写,对试验中可能发生的安全事故进行了风险评估,有相应的技术安全保证措施及应急预案,报告经评审确定风险评估准确、充分,措施及应急预案有效、可行。

12) 生产、总装、测试及出厂交付前各项试验中出现的所有质量问题均需按"双五条"归零标准归零,并通过评审,对评审中提出的问题采取了适宜、有效、充分的措施,无遗留问题,归零报告齐全,签署完整。

13) 型号通过出厂交付质量评审,对评审中提出的问题采取了适宜、有效、充分的措施,无遗留问题,质量证明文件齐全,签署完整。

符合上述各项要求,由型号试验队报请研究院批准后方可出厂交付试验。

出厂交付运输过程中应有相应的质量、技安控制要求和保证措施,在运输过程中出现的问题需得到有效处理。质量问题按"双五条"归零标准归零,并通过评审,对评审中提出的问题采取适宜、有效、充分的措施,无遗留问题,归零报告齐全,签署完整。

2. 转场发射放行准则

1) 试验阵地符合相应要求;参试设备经展开自检合格,处于良好工作状态;测试设备经计量复查,量值传递准确、可靠,在计量标检合格期内。

2) 型号按要求完成了各项规定的检查、测试、对接及试验等技术准备工作,结果符合规定技术要求,经一、二岗和技术质量组签字,并通过试验队领导小组主持的总结会议确认。

3) 参加试验的型号各通讯设备(靶标系统、光测设备、时统和通信设备等)通过发射程序合练,满足规定要求。

4) 试验期间发生的技术状态更改按规定履行了审批手续,并在更改落实到产品后固化技术状态。

5) 根据试验过程中可能出现的问题制定了预案和事故处理方案,明确规定允许发射、延时发射、中止发射和不许发射的条件及操作处理细则,并通过试验队领导小组及试验相关方的确认。

6) 试验期间组织开展"双想"活动,对"双想"活动中提出的问题经试验队技术组、质量组审查,并报型号总设计师审定,确定问题处理得当,采取措施有效,无遗留问题。

7) 试验期间出现的质量问题均已填写《故障(问题)登记卡片》,所有质量问题按"双五条"归零标准归零(技术归零按五条要求执行,管理归零要求做到前三条,后两条"严肃处理、完善规章"可在试验后继续完成)并完成评审,对评审中提出的问题采取了适宜、有效、充分的措施,无遗留问题,归零报告齐全,签署完整。

若因条件限制等原因,在试验现场不能完全按标准归零时,要进行充分的试验验证、风险评估和评审,有不影响后续工作及试验成败的结论,经该型号研究院批准后,可进行后续工作。同时,研究院须作出安排,在后续工作中继续做好该问题的归零工作。

8) 首发产品技术准备工作完成并通过试验队组织的质量评审后,按相关规定的要求组织转场进行试验的报批及实施工作。

9) 实施飞行试验前,安全设施完好齐备,应急措施落实,应急人员就位;参加试验的各系统在发射准备程序中各项参数符合技术文件要求,参数装定正确,各系统均处于规定的良好工作状态。如发射过程中出现问题,则按发射预案和事故处理方案处理。

后续参试产品飞行试验的审批放行工作、拟增加试验大纲外的试验项目及飞行试验因故中止、撤场和恢复、返场等工作,按相关规定的要求执行。

参考文献

[1] 袁家军. 神舟飞船系统工程管理[M]. 北京:机械工业出版社,2006:111,114-145,150-152,392-403.

[2] 王汉功,等. 装备全系统全寿命管理[M]. 北京:国防工业出版社,2003:32,40,113,115.

[3] 承文. 正确处理新世纪航天质量工作的十个关系[J]. 质量与可靠性,2001(6):6-12.

[4] 张钧,等. 当代中国的航天事业[M]. 北京:中国社会科学出版社,1986:459.

[5] 袁家军. 光荣与梦想 科技铸辉煌——中国空间事业发展的经验与启示[J]. 求是,2003(21).

[6] 马志伟. 浅谈航天企业质量工作观念转变问题[J]. 航天工业管理,1997(6):32-34.

[7] 薛成位. 弹道导弹工程[M]. 北京:中国宇航出版社,2002:294-296.

[8] 李福昌. 运载火箭工程[M]. 北京:中国宇航出版社,2002:71-74.

[9] 沈伯南. 飞航导弹系统工程管理[M]. 北京:宇航出版社,1999:101-111.

[10] 张庆伟. 航天科技集团总经理张庆伟谈深化航天质量管理[M]. 中国航天,2005(10):3-6.

[11] 黄瑞松. 飞航导弹工程[M]. 北京:中国宇航出版社,2004:420-426.

[12] 张庆伟. 质量是政治、是生命、是效益[J]. 航天工业管理,2003(4):4-5.

[13] 金其明. 防空导弹工程[M]. 北京:中国宇航出版社,2004:420-449.

第5章　航天系统工程计划管理

5.1　航天系统工程计划及计划管理

5.1.1　规划与计划

航天型号项目研制是一个复杂的系统工程,它由众多的分系统、子系统、子子系统以及数量繁多的单项设备、仪器所组成,在技术上涉及许多学科和专业。一个新的航天型号项目,必须经过可行性论证、方案论证、初样研制、试样研制和定型研制等阶段,研制、生产大量试验用样机、产品,进行大量的试验、修改,攻克多项技术难关,历经数年或更长时间才能完成研制工作,提供定型产品。型号研制任务只有联合跨所、跨院、跨部门、跨行业的相关单位,组织具有相关专业特长的众多人才,共同设计、研制、生产、协作才能完成。在型号研制过程中需要及时处理的技术问题,需要配合、协调、衔接的关系难以数计,由于系统庞大,工作中还需要将具有不同经历、来自不同单位的人员有机地组织在一个团队中,在系统的技术性能、成本、进度等较为严格的约束条件下实现预期的目标。因此,必须实行严密的计划及计划管理,将型号研制计划切实贯彻于各单位的计划中去,才能保证航天型号研制工作的顺利进行。

规划与计划,本质上同属于法约尔的管理五大基本职能之首的“计划”。本书为了论述方便,设定:规划为战略性方向性计划,即选择正确的事来做;计划为具体的规定性计划,即努力把事做正确。

规划是指某级组织在其可控资源条件下策划其长期发展目标和为实现此目标所采取的方针、措施,并依据国家的方针、政策和经济的发展需要以及社会环境和资源状况做出安排的战略决策。它是该级组织为实现经营目标而制定的战略性总体计划。

计划是为实现既定目标所制定的具体行动方案,是对未来将要从事的工作所进行的预计、谋划和运筹安排，是未来行动的指南，也是进行未来研制、生产工作的尺度、准则和目标。

航天企事业单位，除接受国家下达的计划任务外，还应按照市场需求、单位发展方向以及其自身的研制力量、生产条件、资源供给情况，承揽更多任务和开发更多新产品，为企业创造更大经济效益并不断提高竞争能力。

为了适应外部环境和国内需求的发展和市场情况的不断变化，航天企业要加强竞争能力，需要花费大量资金进行技术改造，开发新型号等，同时，要设法降低风险。因此，制定一个比较符合自身特点的、科学的、综合性的长远规划，才能不断提高经营管理水平，提高对可能情况的预见性和抗风险能力，使企业在激烈竞争中立于不败之地。

总体规划有三个作用：首先，它有助于确保一个企业的不同职能之间的和谐运转；其次，有助于保证下级执行人员与最高层管理人员之间步调一致；第三，有助于在出现人事更迭时，不会造成现行计划随着人员变化而偏离原定的轨道。

规划从时间上看，一般都是在 5 年以上，所以规划又称为长期计划。短期计划一般是以一年、半年或一个季度为时间单位的。两种计划的目的和要求不同，特点不同，但又是相互联系、相辅相成的。规划是战略性的，是制定短期计划的依据，而短期计划是长期计划的具体化和补充。规划是考虑远景的创造、革新和开发新产品的决策型计划；而短期计划则是为实现具体效益、目标和产品而制定的指导日常研制、生产活动的执行型计划。

5.1.2 计划管理的含义

自从美国 F·W·泰勒 1991 年发表《科学管理原理》，创立科学管理理论以来，世界各国管理专家和管理理论学派，都将计划管理列为管理职能中的首要职能。认为计划管理是管理职能中的最基本职能，其他组织、指挥、协调、控制四项管理职能都必须围绕它的要求而进行。

广义上说，航天系统工程计划管理，是针对航天型号研制生产的特点，组织制定一定时期内的发展方向、目标、主要技术途径、各项技术保障条件和技术组织措施、经济措施、工作实施步骤等，为完成国家计划、满足市场需要和提高社会与单位的经济效益,组织和动员全体职工,通过计划的编制、组织实施、指挥调度和检查考核,协调运用各种资源和要素,以最小的经济、技术代价,最短的研制周期,优良的产品性能,实现系统总优化目标而进行的管理工作。要在全面研究和分析的基础上,制定经营目标与实施策略,拟定、评价、选择工作方案,制定计划并实施。

狭义上说,航天系统工程计划管理,是针对航天型号产品从方案可行性论证阶段、方案研制阶段、工程研制阶段、设计定型阶段到生产定型阶段全过程的计划管理。此过程的计划管理由一系列的管理原则、管理模式、管理方法和管理制度所组成。

本书采用狭义上的概念,从型号研制项目的角度探讨航天系统工程计划管理,但考虑到内容体系的完整性,在必要的地方做了适当的外延。

航天系统工程计划管理的对内职能是合理组织项目实施工作的人力、财力、物质资源和所需的社会资源,高质量、高可靠性、高安全性、高速度、低消耗地完成设计、研制工作;对外的职能是在符合党和国家的政策、满足国防需要的前提下,争取最大的技术经济效益。计划管理的基本单元是研制课题和研制项目。因此,航天系统工程计划管理的具体内容是从提高技术经济效益出发,以为国防现代化服务为主,合理安排研制项目计划,以及为确保研制项目计划的顺利实施,合理制定项目研制人员调配、项目研制经费分配、项目研制进度、项目研制器材供应、科技情报提供等计划的工作过程。

5.1.3 计划管理的特征

在一般论述中,计划管理有很多特征。本书结合计划管理的一般特征与航天系统计划管理的实践,总结出五个典型特征。

1. 目的性与未来性

计划管理涉及未来,是对未来行动的规范,项目的实施过程就是计划的具体化过程。航天系统工程计划的目的是以最小的经济、技术代价,最短的研制周期,最小的风险,实现系统的总目标。

计划的目的性:计划是为了实现组织的目标而制定的。因此,每项计划及所派生计划的目的都应根据组织的目标来制定，以保证组织目标的实现。

计划的未来性：计划是为了实现组织未来的目标而预先确定的行动方案。因此，计划要着眼于未来，用动态的眼光分析问题，确定可行的行动方案。

2. 预期性与约束性

在计划理论中，战略目标所转化的工作指标具有预期性与约束性，其中，预期性计划是力争完成的工作指标，约束性计划是必须完成的工作指标。

3. 控制性

控制是管理的本质性要求，是管理五大职能之一，控制的核心在于可量化的考核。计划管理必须有人或组织参与制定计划和控制计划的实施。计划与控制是紧密联系的，计划为控制提供标准依据，控制的有效性则使计划有了进度和节奏，并且需要根据情况的变化拟定新的计划或修改原计划，而新的计划或修改过的计划又被作为连续进行控制的基础，没有控制，计划也很难实现。

4. 普遍性

计划管理涉及的工作、部门众多，这种普遍性表现在两个方面：一方面，各项管理工作都要根据已制定的计划来安排具体的工作计划，计划是一切行动的指南；另一方面，计划作为一项管理职能，无论处于哪一层次、哪个部门的管理者，都需要制定计划，计划渗透于各项管理活动中。

5. 效率性

计划管理强调结果，计划不仅要确保组织目标的实现，而且要合理利用资源和提高效率。要以尽量少的投入，获取尽可能多的产出，提高劳动生产率，节约研制经费，降低研制生产成本，提高经济效益。简言之，就是既要“做正确的事”，又要“正确地做事”。

5.1.4 计划管理的任务

计划管理的任务，总的来说，就是通过计划的制定、执行和检查，把航天企事业单位的型号研制生产管理活动、各项业务工作科学地组织起来,以使它们彼此协调、有节奏地进行,充分挖掘和利用一切潜力,以保证既定目标的实现。它的主要任务有以下几个方面。

1. 科学地选择研究的方向和目标

计划管理的主要任务是在科学预测的基础上,对型号产品的研制作出科学的决策。提高管理的预见性和科学性,是计划管理最重要的任务。

2. 不断处理平衡与不平衡的矛盾

研究、设计、试制、试验和生产工作,客观上存在着一定的协调和关联关系,计划要求其相对平衡或均衡。但研制工作的各个环节和方面,都处在不断的变化发展之中。因此,在项目实施的实际进程中,会在一些环节和方面出现不平衡。计划管理的任务,就在于根据项目实施计划的要求,经常地、自觉地研究产生不平衡现象的原因,采取有效措施,解决出现的不平衡问题,建立起新的平衡,以使项目在新的基础上正常实施。

3. 保持工作的正常秩序

由于种种主观或客观原因,特别是航天产品研制任务多为多品种的单件或小批量生产,发展变化比较多,再好的计划,在执行过程中也不可能完全按照预定的要求一成不变地实现。所以,计划管理的任务,还在于及时发现执行过程中的各种偏差,并采取相应措施及时予以消除,迅速恢复与保持正常的工作秩序。

4. 检查和评价计划执行情况

计划是对单位及其所属部门各类人员责任和义务的规定。因此,要按照计划的要求,认真检查和评价计划的执行情况,及时对各部门计划任务进行调整、修订和协调,保证总计划的顺利进行,并依此对有关部门及个人实行合理的奖惩。同时根据检查评价结果,总结出有益的经验与教训,为下一个型号研制计划的制定提供借鉴和依据。

5.2 航天系统工程计划的编制

5.2.1 航天系统工程计划编制的原则与依据

1. 计划编制的原则

计划制定的优劣，取决于它与客观实际相符合的程度。为此，在计划编制过程中，必须遵循一系列的原则。

(1) 科学性原则

制定的计划，必须符合客观规律，符合实际情况。只有这样，计划才是科学合理的，目标才能实现；才有理由要求各部门、各单位主动按照计划的要求办事。

(2) 统筹兼顾原则

计划的目的是通过系统整体的优化实现决策目标。而系统整体优化的关键在于系统内部结构的有序和合理，以及内部关系与外部关系的协调。在制定计划时，不仅要考虑到计划中所有的各个构成部分及其相互关系，而且还要考虑到计划中相关系统的关系，按照它们的必然联系，进行统一筹划。所以，在制定计划时要覆盖全面、内容完整、分清主次、留有余地。

(3) 综合平衡的原则

在制定计划时，必须有远见，能够预测到未来发展变化的方向；同时又要参考历史情况，保持计划的连续性。综合平衡就是根据客观规律的要求，为实现计划目标，合理地确定各种比例关系。最重要的是保持任务的资源与需求、局部与整体、目前与长远之间的平衡[1]。

(4) 计划修正原则

计划为未来所做的决策越多，就越需要管理人员定期检查计划的执行情况，根据客观条件的变化，预测将会出现的问题，并在必要时进行修改或重新制定，以保证计划的方向始终对准要达到的目标。

(5) 齐套性原则

航天系统工程项目的总体和各分系统、各项配套产品的研制以及地面设施的建设，必须同步进行。只有切实保证齐套，才不至于因某项产品或某些设施的缺项而影响研制工作的顺利进行。

2. 计划编制的依据

研制单位的外部环境和内部条件是编制计划的基本依据。编制计划的主要依据有以下几点。

1) 社会政治、经济形势以及党和国家的有关方针政策。

2) 国家下达的指令性和指导性计划。

3）本单位的发展规划及规划所规定的分年度计划指标。

4）与用户签订的订货合同、供销合同、协作合同和技术合同所规定的任务。

5）环境研究、市场预测。

6）前期计划指标实际完成与预计完成情况。

7）设计文件资料及有关工艺技术资料。

8）各类技术经济定额与标准资料。

9）现有人力、财力、物力等资源状况及其保证程度。

5.2.2 航天系统工程计划的分类

航天型号工程项目计划是一个完整的体系，它是由一系列具有内在联系、相互衔接、相互制约的计划所构成的有机整体。从不同的角度出发，可以把计划分为不同的类型，以便于分类管理。

1．按计划持续的时间长度划分

包括长期计划、中期计划及短期计划。

长期计划一般为5年、10年、20年甚至更长时间的具有战略性的远景规划，它勾画出航天型号项目在相当长时期内的开发研制和生产任务的发展方向、目标、重点任务、发展规模和重大措施及政策等战略蓝图。长期计划又称规划，它是在长时期内整体活动的指导性文件，应具有较强的预见性和可操作性。根据国资委的规定，规划要采用滚动修订的办法，每年根据情况对原规划修订一次，并将规划截止时间向后推一年，并且编制补充这一年的内容。

中期计划一般在2～4年内，它是根据长期计划提出的战略目标和要求，结合计划期内实际情况制定的，是长期计划的具体化。

短期计划一般在1年以内，包括年度计划、季度计划和月、旬、周作业计划，它是中期计划的具体落实。短期计划是一个执行计划，具有很强的严肃性和规定性。

2．按计划内容性质划分

包括综合计划、专门(部门、系统)计划、专题计划和配套计划。

综合计划是一个项目在计划期内各种计划的综合，它全面反映项目在计划期内的目标、任务、要求、条件、进度、分工协作关系及责任单位等。

专门计划是部门或系统根据总体计划的要求所编制的执行性计划,具体明确相关项目(系统、分系统等)的进度、要求、协调关系和拟采取的措施等。

专题计划是一种单向任务的协调计划,是年、季度研制生产计划的具体实施计划。小到一项重点非标准设备研制生产项目的协调安排,大到一个型号研制生产的协调安排,这些都是专题计划的对象。

配套计划属于专项计划的类型,主要包括两个方面:一是型号项目在研制中成为完整功能的系统所需要的各产品的数量,为满足试验需要必须生产的产品数量、状态及在试验中如何协调使用等;二是需要外协和协外的产品的研制、试验、生产计划。

3. 按计划职能特征划分

包括型号工程项目和课题研究计划、研制协作计划、质量计划、经费计划、物资计划、基建计划、人力资源开发计划、组织技术措施与改造计划等。其中,把一个年度内各种计划任务科学地综合在一起的计划是年度综合计划。

型号工程项目和课题研究计划是综合计划的主要内容。它规定该级组织各研制项目的任务、质量、进度、经费指标,内、外协作关系,是编制其他各项专业计划的依据。

研制协作、质量、经费、物资等计划都是专业计划,由各业务部门负责编制,经计划部门协调平衡后,纳入年度综合计划。

组织技术措施计划则是完成以上各种计划的保证,它规定的是实现任务、目标的办法和应采取的措施。它具体安排计划期内的研制组织,新技术、新设备的引进,试验室建设,设备的更新改造等任务。

4. 按计划作用范围划分

包括总公司(集团)计划、院(局)计划、公司计划、厂(所)计划、车间(科室)计划、班组计划、个人计划等。

5. 按计划管理形式划分

包括指令性计划、指导性计划、市场调节性计划等。

5.2.3 航天系统工程计划制定的方法

计划的科学性和可行性如何,会直接影响任务的完成,是否正确选择和使用计划的编制方法，又会直接影响计划编制的质量。航天系统工程项目的计划编制，一般经历自上而下和自下而上的反复研究过程。首先由总部组织人员（系统）在发展战略研究的基础上，编制总的计划纲要或草案，而后征求下层单位特别是院、局、基地各级单位和部门的意见，在收集意见后，进一步研究论证，修订计划纲要或草案，然后召开有关会议，全面广泛地讨论和征求意见，最后修改正式成文，下发各单位执行。各单位依据总的计划制定其本单位的计划。这种方法可概括为“两上两下”的群众路线工作法。

计划编制的方法和采用的技术还有很多，有的与计划的时间有关，如网络拓扑结构图、甘特图、滚动计划等；有的与计划安排中部门分配有关，如投入产出法等；还有应用于核算和确定各项指标，如计划评审技术、综合平衡法等。常用的计划方法主要有以下几种。

1. 网络拓扑结构图法

网络拓扑结构图集合了一系列系统性分析步骤，它的基本原理是首先应用网络图的形式来表达一项计划中的各个工作（如任务、活动、过程、工序等）的先后顺序和相互关系，然后通过计算找出计划中的关键工作和关键路径，通过不断改善和优化网络计划，选择和制定出满意的方案并付诸实施。因为网络图显示了一个项目中不同任务之间的时间关系，它们可以形成一个关于项目计划编制、进度安排和检测进展的框架；同时它也是交流沟通的工具，可以让项目负责人表示出任务之间的依存关系并避免在时间上发生冲突。通过使用运算法则，项目负责人可以设置计划的里程碑，并确定在给定的时间范围内完成项目的可能性。项目负责人也可以按照开始的日期计划项目任务，并且预测开始日期对整个项目完成日期的影响。

网络拓扑结构示意图见图 5-1。

当为一个项目制定网络图时，应该遵守如下原则。

1) 每项活动仅由一条箭线来代表。

2) 所有的活动以事件形式开始和结束（在网络图中节点用圆圈来表示）。

3) 箭线的长度不表示持续时间的长短、成本的多少或活动的重要性。

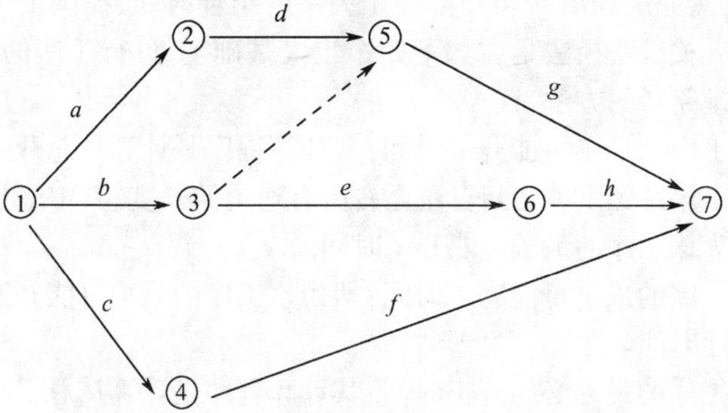

图 5-1 网络拓扑结构示意图

4）只有当事件已经完成,所有活动都已终止,节点已经实现,起源于新事件的箭线才能够开始。

图中的第一个节点和图中的最后一个节点,分别只能有输出箭线和输入箭线。所有其他的节点必须至少有一个输入箭线和一个输出箭线。

如果一个活动优先于另外一个活动,但是它们之间没有相关活动,这时可以使用一个虚拟活动。虚拟活动由一条虚箭线来表示,它没有工期或成本。

根据绘制的网络拓扑结构图,就可以使用关键路径法(CPM)和计划评审技术(PERT)来对计划进行分析和改进,寻求满意的计划方案。

2. 关键路径法(CPM)

关键路径法(CPM)也称为关键路径分析法(CPA),它是 1957 年前后由雷明顿·兰德·尤尼瓦克发明的。作为一种工具,它的作用是加强对周转时间的计划和控制[2]。

项目的管理者经常会遇到时间—成本平衡的窘境,因为项目的完成时间和完成成本之间有着复杂的关系。如果缩短项目的持续时间,有些成本会降低,而其他成本则会增加。在庞大复杂的项目里,就需要关键路径法这样的模型来应付这些类型的变化带来的影响。

贯穿于项目网络的关键路径是经过对所有路径长度比较以后,可找到的一条所需时间最长的路径。项目分析和进度安排的关键路径法,为必须完成的活动和分析优先关系的结合时间,提供了一个逐步的过程。关键路径法是在如下四个定义基础上,进行工序的时差后,找出关键路径的方法。

某工序的最早可能开工时间:其计算程序是计算从总开工事项开始至该工序开工事项之间自左至右所有通道的长度,其中最长的通道长度即为该工序的最早可能开工时间。

某工序的最早可能完工时间:即为该工序的最早可能开工时间加上本工序时间。

某工序的最迟必须开工时间:其计算程序是计算从总完工事项开始至该工序开工事项之间沿箭头的逆方向自右向左所有通道的长度,其中最长的通道长度决定该工序最迟必须开工的时间。

某工序的最迟必须完工时间:即为该工序的最迟必须开工时间加上本工序的工时。

工序的时差:其计算方法可以用最迟必须开工时间减去最早可能开工时间,也可以用最迟必须完工时间减去最早可能完工时间。

关键路径上的各个关键工序时差为零,因此把时差为零的工序串联起来就可找出关键路径。

关键路径法计算的结果,可以使项目负责人对早先设定的活动持续时间进度表有一个了解。对任何沿着关键路径的活动时间进行改变,都会影响到某工序的持续时间。对于关键路径之外的活动,当一定的条件存在时,持续时间和开始时间可以有所变化。如果一个活动需要在时间上延伸,那么必须为要变化的活动预留出一些机动时间,或者改变整体项目的持续时间。活动的机动时间要在不延误项目完成日期的情况下,有一定的开始时间范围。活动的机动时间可以通过活动的某工序的最迟必须开工时间与某工序的最早可能开工时间的差得到。同样的,事件机动时间表使项目负责人了解到在不会影响项目完成时间的情况下,对一个事件的实现可以延迟多久。注意:在关键路径上活动的任何改变,都会改变项目的完成时间。

3. 计划评审技术(PERT)

计划评审技术和关键路径法非常相似。这两种方法的最终目标都是要为项目制定一个可行的进度表。它们的基本不同在于为项目任务估算时间的方法。计划评审技术是为了得到一种解决工序持续时间问题的统计性的解决方法。它是一种具有三种可能的时间模型，最乐观(最短)的、最悲观(最长)的和最可能的任务时间。计划评审技术将项目完成时间的计算上升到数学的精度。这个方法的好处是:已经产生的估算步骤会导出一个将不确定因素考虑在内的任务时间估算。

最乐观的任务时间(a)可以描述为将会以 1% 的概率出现的持续时间。最悲观的任务时间(b)也可能是以 1% 的概率出现的持续时间。最可能的任务时间(m)是对任务通常需要的时间的估算。其关系为

$$a < m < b$$

工序时间:就是计算完成工序所需要的工时定额。当工时定额不能确切肯定下来、只能给出估计数时,可按下式来求其平均值

$$T = \frac{a + 4m + b}{6}$$

式中 a——最乐观的任务时间估算;

b——最悲观的任务时间估算;

m——最可能的任务时间估算。

另一个统计衡量的方法是采用估算可变性的一个指示器,设 T 为一变量,用 V_{ar}表示。这个变量可按如下方法计算

$$V_{ar} = [(b - a)/6]^2$$

关键路径法和计划评审技术的早期区别差不多已经消失了,现在通常将两者结合起来使用[1]。

4. 综合平衡法

综合平衡是编制与组织实施航天型号项目研制生产计划的基本方法。所谓综合平衡,就是对某一管理层如院(局、基地)研制生产经营活动进行全面的、全过程管理的反映,它把任何一项计划都看作是一个系统,不是追求局部的、单项指标的最优化,而是寻求系统整体的最优化。因此,它是进行计划平衡的基本方法。

综合平衡的目的是寻求对研制生产经营活动中人、财、物、信息等资源的有效利用,争取获得最佳的经济效益与社会效益。通过综合平

衡可使计划统筹兼顾，全面安排，突出重点，照顾一般，合理分配人力、财力、物力资源，以求得需要与可能的平衡，使本单位的研制生产经营活动按计划协调配套地发展。

综合平衡不是简单的汇总、叠加，而是将各个单位或局部的平衡在总体上联系起来进行全局平衡。单项平衡与局部平衡必须以全局平衡为着眼点。综合平衡是从计划全局出发，对计划的各个构成部分、各个主要因素、整个计划指标体系进行的全面平衡。综合平衡的具体形式很多，主要有编制各种平衡表，建立便于计算的计划图解模型或数学模型，如经济计量模型、投入产出模型等。

5. 滚动计划法

滚动计划法是对变化因素比较多、不确定性比较大的一类项目任务制定计划的一种方法。计划部门根据计划执行情况和环境变化，定期或不定期地修改未来计划，并按一定时段向前推进计划的最终目标，并使短期、中期计划有机地结合起来，以避免不确定性可能带来的失误或不良后果。对于技术难度大、协作面广、不定因素多、最终目标比较明确和周期长的项目，如武器型号系统研制等项目任务，都可以采用这种方法。

滚动计划法在已编制的计划基础上，每经过一段固定时期（例如一年或一个季度等，这段固定的时期被称为滚动周期），便根据变化了的环境条件和计划的实际执行情况，从确保实现计划目标出发，对原计划进行调整。每次调整时，保持原计划期限不变，而将计划期限顺序向前推进一个滚动周期。

滚动计划法是以近细远粗的动态管理办法制定计划的。滚动的时间周期，可视具体需要和上级规定而定，一般以年为单位，也有以季度（月）为单位的。如以年为单位时，第一年的计划要具体，第二年的计划要比较细，第三年的计划则一般，第四年、第五年的计划则越来越粗。每年都可以根据上级的要求、环境的变化和市场的需求，对计划进行修订，使其更加切合实际。

采用滚动计划法，可以根据环境条件变化和实际完成情况，定期地对计划进行修订，使组织始终有一个较为切合实际的计划作指导，并使期限较长的计划始终与期限较短的计划紧密地衔接在一起，以有效地保证计划的连续性。

5.3 航天系统工程计划管理的目标、方法及手段

5.3.1 航天系统工程计划管理的目标

1. 计划管理目标的含义

计划编制一般分为三个阶段：编制准备，制定目标体系，制定计划。其中制定目标体系是重要一环。所谓计划管理目标，是指计划任务的目标，是任务的具体化、系统化，是计划任务的数量表现，包括研制生产计划项目数、工业总产值、航天增加值、产品质量（一次交验合格率、产品返修率、废品率）、利润总额、上缴利润、技改项目、技改资金投入额等。

2. 计划管理目标的编制原则

为了实现计划管理目标，一方面要加强航天型号研制生产活动的计划管理，另一方面计划管理目标的编制一定要科学、合理，必须遵循下列原则。

(1) 指令性计划和价值规律相结合的原则

为了既能为社会创造巨大的社会效益，又能为本单位创造良好的经济效益，航天型号项目计划管理工作既要遵循国家利益高于一切的原则，又要利用和发挥价值规律的积极作用，把航天型号项目的研制生产计划同各个研制单位的经营计划有机结合起来，使航天型号项目能为研制单位创造技术经济效益。计划必须正确反映航天型号项目研制生产的客观规律，要统筹兼顾，全面安排，使每一项计划都建立在科学的基础之上。

(2) 统一性、配套性、先进性与现实性原则

要以研制生产为重点，以全面提高社会效益和经济效益为中心，树立全局观念。从全局出发，在服从国家统一计划的前提下，将各个相互联系、相互衔接、相互制约的计划，围绕人、财、物、产、供、销等资源进行全面综合平衡，汇成一个完整统一的有机计划整体，只有实行统一的计划管理才能把各种研制、生产活动和各研制、生产单位的努力引向共同的目标，协力完成型号项目研制任务。在安排型号项目研

制单位、研制产品、技术文件配套、重大研究课题、计划进度、产品数量时，对各部门、各单位来说，要服从总承包单位的统一计划，以便使各项研制生产任务和所有的研制生产环节有机结合起来，协调配套地完成研制生产计划任务。

计划指标既要先进又要现实，只有经过努力，才能完成，即“跑一跑、跳一跳、够得着”。计划若不先进，就不能起到鼓舞和激发职工群众积极性和创造性的作用；但若超过了现实可能性，也同样会挫伤群众的积极性和创造性。

(3) 统筹兼顾、综合平衡的原则

计划的目的是通过系统整体的优化实现决策目标，而系统整体优化的关键在于系统内部结构的有序和合理，以及内部关系与外部关系的协调。因此，安排航天型号项目时，首先要统筹兼顾，全面安排，把航天型号项目总体与分系统、子系统、单项设备的研制生产、试验任务纳入计划；其次要在突出重点的前提下对航天型号任务和民品合同任务、对外协作任务及其他经营任务进行综合平衡，使各单位的各项研制生产经营活动能在统一计划的指导下配套协调地顺利进行；第三，要在航天型号研制生产任务的项目、状态、质量、数量、时间、空间、经费和研制生产经营计划体系上，做到配套协调。

(4) 经济性原则

以尽量少的投入，获取尽可能多的产出，提高劳动生产率，节约研制经费，降低研制生产成本，提高经济效益。

3. 计划管理目标体系

计划管理目标体系是由一系列具有内在联系、相互衔接、相互制约的目标构成的有机整体，以勾画型号项目研制、生产、经营活动发展的全貌。而每一类目标，又包括许多具体目标。这些目标从不同的角度，可分为以下几种类型。

(1) 数量目标和质量目标

数量目标是以数量来表现计划任务，用以反映计划对象的发展水平和规模，一般用绝对数表示。如航天增加值、产品研制数量、生产批次和数量、经济收益等。

质量目标是以深度、程度来表现计划任务，用以反映计划对象的素质、效率和效益，一般用相对数和平均数表示。如一次交验合格率、产品返修率、平均质量成本等。

(2) 实物目标和价值目标

在市场经济条件下，产品作为商品，既有使用价值，也有价值；既具有实物形态，又具有价值形态。因此，用计划反映管理活动的结果，既要有实物目标，又要有价值目标。

实物目标是指用重量、容积、长度、件数等实物计量单位来表示实用价值量的目标。运用实物目标，可以具体确定各生产单位的生产任务和各种资源的需要量。

价值目标又称价格目标或货币目标，它是以货币作为计量单位来表现产品价值量和资金运动的目标。价值目标是进行综合平衡和考核的重要目标，不同的产品和实物可以换算成价值量相加，形成总价值量，用于反映生产和管理的总成果，并对各种生产情况进行比较分析。

在实际工作中，通常使用的价值目标有两种：一种按不变价格计算的，这可以消除价格变动的影响，反映不同时期商品实物产品量的变化；二是按现行价格计算的，可以大体上反映商品价值量的变动，用于核算分析和综合平衡。

(3) 考核目标和核算目标

考核目标是用于考核计划任务执行情况的目标。考核目标既可以是实物目标，又可以是价值目标；既可以是数量目标，又可以是质量目标。总之，它应能比较准确、全面地反映被考核单位的业绩，并有利于调动被考核单位的积极性、主动性。

核算目标是编制计划过程中供分析研究用的目标，是制定计划的依据。如原材料、设备、生产能力利用情况的定额和标准，研制费收入、支出和结余。

5.3.2 航天系统工程计划管理的方法

1. 计划管理的组织实施

计划管理工作主要包括计划、执行、控制和考核四个方面。计划的编制，仅仅是计划管理工作的开始，要使计划转化为全体研制人员和有关部门的实际行动,使研制目标转化为研制成果,还必须深入细致地做好一系列组织协调、检查和控制工作。

(1) 计划的下达

项目研制计划经上级批准后,通常采取下达指令性计划、签订技术经济合同、实行承包责任制这三种形式下达到基层单位。随着经济体制和研制体制改革工作的深入,计划下达形式也在发生着变化。

(2) 计划的落实

① 组织落实

型号研制任务确定后,必须明确研制任务的承担单位,确定任务总负责人,组建必要的管理机构,落实参研人员,并做出计划期内科研人员调配补充的预备方案。

② 条件落实

包括技术、经济、物质等诸方面的条件。例如,研制任务的试验件加工条件和试验、测试条件及研制经费,主要原材料、元器件的订货,技术引进和研制场地建设等方面的条件。

③ 进度落实

要预计完成研制任务的总周期,提出各个阶段的完成期限和主要工作的完成日期。同时,要根据各方面工作的落实情况,绘制出整个系统的网络图。

(3) 计划的调度

计划调度是对研制计划的执行情况进行经常性的监督、检查和控制,及时调节各研制环节间的配合关系,调动一切积极因素,以保证有节奏地、均衡地完成研制计划的管理活动。

做好调度工作,关键在于提高工作效率。发现问题和处理问题,都应力求迅速、准确、讲求实效。但研制调度工作的对象是研究、设计、试制、试验等复杂的工作内容,涉及到许多方面、各个研制环节。因此,在错综复杂的研制过程中,单凭调度人员的耳闻目睹来发现问题和解决问题是不够的,应当建立健全一套切合实际的调度工作制度。

① 会议制度

研制调度系统应定期或不定期地召开调度会议。会议的重点是研究、分析研制过程中的问题,制定解决问题的措施。调度会后要发调度会议纪要。纪要写明会议决定采取措施的内容、具体要求、进度、执行单位和责任人员。调度会议决定就是研制命令,有关单位必须执行。会议的参加者应有职有权,要确实能代表本单位参与制定和负责贯彻执行调度会议的决议。

调度会议的内容,可以是综合的,也可以是专题的;会议的地点,可以灵活掌握。其主要形式有:定期的计划调度会、专题调度会、现场调度会。

② 值班制度

调度会议都是阶段性的、间断进行的。但研制活动是连续不断地进行的。为始终保证研制活动不间断和研制指挥渠道畅通,在计划管理部门设立值班调度,负责处理日常计划调度工作。

③ 报告制度

为使调度人员和有关领导能及时掌握研制情况,计划调度部门应建立相应的报告制度。各研究单位须按规定的要求,按期将本单位执行研制计划的情况、研制过程中出现的问题及其解决情况向调度部门报告,调度部门定期将各单位的情况综合起来进行分析、评价,提出看法,形成研制情况简报,向有关领导报告并下发到各有关单位,以沟通情况,促进研制工作的进行。

2. 计划管理的检查和调整

计划虽然是按照一定的民主程序和科学过程制定的,并对各方面的诸种关系都作了通盘的考虑,但是,由于系统复杂、庞大、技术难度大等原因,仍然不能保证它在各个子系统内或每一个环节都能得到及时、全面的落实。通过计划检查,可以及时了解计划任务的落实情况,各部门、各基层单位完成计划的进度情况,以便研究提出保证完成计划的有力措施。

(1) 计划调整的原因

在计划执行过程中,计划执行单位有时会遇到一些意外情况,使其不能或无法完成上级下达的计划,这时执行单位可以申请调整计划。这些情况是:发生不可抗力;国家和上级重大政策调整变化;关键原材料、元器件、外协件及协作条件出现问题,经多方努力仍无法按原定要求解决;设计方案发生重大更改或关键技术虽经努力但仍未突破或解决;市场供求关系发生重大变化。

(2) 计划检查与调整的内容

计划的检查与调整贯穿于从计划下达到计划完成的全过程。检查与调整的主要内容有:计划的执行是否偏离目标;计划执行中的经验与潜在问题;计划指标的完成程度;计划是否符合执行中的实际情况;有没有必要作修改和补充等。

(3) 计划检查的方法

主要的检查方法是:分项检查和综合检查;数量检查和质量检查;定期检查和不定期检查;全面检查、重点检查和抽样检查;统计报表检查和深入基层检查等。

计划的调整,可以自上而下、也可以自下而上进行。自上而下的调整,要自上而下地下达指令,明确调整要求;自下而上的调整,由要求调整的单位提出申请,逐级审批。具体办法是由要求调整单位填写"计划调整申请单"(格式参见表 5-1),并于该研制任务原定完成日期前的一定时期内报计划管理部门,经部门审核、主管领导批准后,进行计划的调整。

表 5-1 计划调整申请单

项目名称		编号	
原任务主要内容		申请调整的主要内容	
申请调整理由	(申请单位领导签章) 年 月 日		
计划部门的意见	(部门签章) 年 月 日		
主管领导意见	(领导签章) 年 月 日		
备注			

5.3.3 航天系统工程计划管理的手段

航天系统工程计划，一般采用行政和经济相结合的双重手段进行管理，以保证已定计划的实施。在推行所定计划时，要适时进行考核、协调和根据情况进行必要的调整，既保证计划的严肃性，又体现计划与时俱进的灵活性和实事求是的精神。

1. 计划执行情况的考核评价

航天型号项目研制生产经营计划执行情况的考核、评价，是促进计划完成的一个重要手段，也是评价各有关单位计划执行情况的重要标志。

(1) 计划考核的原则

在考核、评价研制计划执行情况时应注意航天型号项目研制工作的特点，并考虑以下原则。

① 鼓励创新的原则

虽然型号研制工作是在大量原有科研成果的基础上进行的，但研制工作本身就是创新，即使是把已有科研成果应用到新型号中，也不是照搬照抄就能成功，也需要创造性的劳动，没有创新就谈不上研制。因此，考核评价时，要承认其继承性，肯定其所付出的劳动；同时又必须强调在继承基础上的创新。只有这样，才能推动型号的发展。

② 关注任务完成率的原则

由于研制工作是复杂的创造性劳动，其计划目标有可能完成，也有可能因研制或试验的某些失败而无法实现；型号研制的周期、研制成果也存在不确定性，不像工业生产那样确切、肯定。所以，在考核、评价时，要提倡多出成果、提高成功率。同时也要允许由于非主观原因、非管理原因导致的失败，并肯定为此付出的劳动及其对以后研制工作提供的参考价值。绝不能把未成功的研制视为废品，而是应和成功的成果同等对待，有时失败的教训更加珍贵。

③ 成果多样性的原则

进行的研制项目，大部分属于型号发展研制，是在科学研究的基础上不断工程化的阶段。它与物质生产已十分接近，即将转化为生产力，其成果的大部分可用物质性成果去体现。然而，研制成果终究会有一部分受到某些条件的限制，难于物化而呈非物质形态存在。当然，这部分研制成果的非物质性也不是绝对的。例如，一部分预先研究项目，由于是作为技术储备而存在的，型号研制前没有物化，时机一到就会被用于型号研制中。所以，在考核、评价时，既要肯定已经物化的研制成果，也要肯定非物质性的研制成果。

④ 效益原则

既要强调用经济的办法管理研制工作，大力推行研制工作责任制、有偿合同制，以创造的经济效益的大小，作为考核、评价研制项目的重要指标；又要从推动国家的技术进步、为国民经济建设和社会及国防发展服务的大目标出发进行综合考虑。有些研制项目，由于多种因素的制约，给研制单位带来的经济效益可能不大，但对国家的技术进步、经济发展及国防建设却有重大作用。因此，在考核、评价时，就要既看微观的经济效益，又要看宏观的技术经济效益。有时，为了国家的利益，国防的需要，即使是经济效益不大的项目，也要肯定、鼓励和支持。这一点对航天系统的研制单位尤为重要。

⑤ 综合考核、评价的原则

研制计划的完成有多种形式、多种要求，考核、评价工作也就不能简单地用一种方式、一种标准进行，而要从承担任务单位的特点出发，通过多标准、多形式、多指标进行综合考核、评价。

(2) 计划考核的依据

计划考核的依据是本级正式下达的各项计划所规定的内容；考核的标准是航天型号研制生产经营计划体系中的各项目和目标以及计划要求完成的时间、进度；通过对比得出提前超额完成、按期完成、延期完成、调整后完成和未完成等五类考核结论。考核时间与计划期相同。一般采用上下结合、分级逐层考核的方法。首先由计划执行单位对照计划指标，检查计划完成情况并向其上级提出计划执行情况报告；再由上级对所属各单位进行检查与考核；最后由上级依考核结果对所属各单位进行奖惩[3]。

2. 计划管理的分析总结

分析与总结对研制管理来说非常重要，它既是研制计划管理中上一个循环的结束，又是下一个循环的开始。通过分析与总结，找出本期计划执行中的经验教训，供制定下期计划参考、借鉴。所以只有把上一循环中的经验教训认真总结出来，才能使下期计划制定得更加切合实际。只有切实做好分析总结工作，才能使研制计划管理工作在实践、认识、再实践、再认识的不断循环中提高，才能使计划指导思想、计划方法运用、计划指标制定、计划管理体制和机制不断完善与提高。分析、总结同研制计划执行情况的考核、评价，既有共同点，又有区别。分析、总结要以考核、评价为基础，是对工作的凝练与提高。考核、评价研制计划的执行情况，首先要对各单位完成计划任务的情况进行考查、评价，并根据考核、评价的结果实行奖惩。分析、总结则是在考核、评价的基础上，对整个计划管理工作进行全面的分析研究，找出经验和教训，为下期计划的制定提供参考和依据。

做好研制计划执行情况的分析、总结工作，要掌握和运用好统计、会计、业务三种核算工具。

统计核算是通过日常记录、抽样调查、全面调查等方法取得资料，在分析研究的基础上编制统计报表，它直接反映了单位技术与经济指标的完成情况、当前水平和发展趋势。统计核算一般以实物量、劳动量或价值量为计量单位，来反映研制工作的数量、质量、成果以及设备和原材料的利用率等指标的实际完成情况及单位的经营管理状况。统计核算一般由计划部门进行。一方面，它为制定下期计划提供依据；另一方面，又可据此对本期计划目标的实现进行监督；还能预测计划将达到的程度，为实行计划控制提供依据。

会计核算是对以货币形式表现的技术与经济活动进行记载、整理和分析。它以货币的尺度，提供研制成本、收益、资金占用等综合性指标，全面、系统、连续地反映该单位各项技术经济业务活动的进行情况。会计核算反映的每项业务，都以严格的书面凭证为依据，以保证核算资料的正确可靠。会计核算工作由财会部门进行。

业务核算是以实物量、劳动量和价值量为计量单位，反映该单位某项技术经济业务活动状态的一种方法。由各职能部门针对各自的具体业务进行核算。可以根据管理的需要，从不同角度，通过直接观察和专门计量，对某项业务活动进行记录和计算，及时、具体地反映某项技术经济活动的动态并预测未来的发展趋势。

除运用上述三种核算、分析方法外，还要充分利用有关计划信息，如情报资料、统计资料、资源及其他信息等，以便更全面地对研制计划的执行情况进行分析、总结，找出有益的经验和教训。

对研制计划执行情况进行分析、总结的具体方法很多，主要有以下几种。

1) 平衡分析法。

2) 对比法(包括平均对比、水平对比、部分与总体的对比等)。

3) 因素分析法。

4) 数学模型法及实证。

3. “责任令”和奖惩制度

“责任令”是管理约束性计划的基本形式，约束性计划是必须完成的计划，因而由此产生责任的规定性与问责制。责任的规定性，即“责任令”；责任的问责制，即履行责任的奖惩制度。

航天系统工程项目的开发是国家任务，特别是承担重点型号任务，是国家赋予的光荣使命，凝聚着党和国家对研制人员的工作要求和期望，要求研制单位职工必须树立崇高的责任感和使命感。为明确责任，强调任务计划的严肃性，按工作业绩实施奖惩，可采用“责任令”的强化管理办法。“责任令”就是对研制单位下达的军令状，一定要按要求的进度，高质量地完成。

“责任令”颁布的是重点任务的项目内容、质量和进度要求。接受任务的单位领导要层层分解，并向总体部主任、研究所所长、总装厂厂长和型号总指挥、总设计师等相关领导下达所承担任务的“责任令”，以保证“责任令”任务的全面完成[4]。

实行“责任令”制度的基本目的，是正确处理国家、单位、职工三者的利益关系，使研制人员的个人利益与计划考核指标的完成情况挂钩。进行计划考核的目的，在于贯彻执行“奖优罚劣”的原则。根据现代科学管理的原理，只有将考核指标体系的设计，综合考核、评价方法和奖惩办法统筹考虑，才能较好地发挥考核、评价的作用。若只有考核、评价，而没有与之相适应的奖惩办法，则等于没有考核。因此，有了综合考核指标体系和考核办法之后，必须建立与之相适应的奖惩办法。

4. 目标责任管理

目标责任管理在目标责任制的基础上更加完整、准确、科学地规划出管理和执行体系。

实施并推广目标责任管理是为了加强内部管理、落实经营责任、促进机制转换、提高经济效益、确保研制生产和经营任务的完成，科学合理地评价经营业绩的一种可行、有效的方法。

目标责任管理强调目标总量设计、目标量化与分解、责任落实到最终执行者、过程中节点控制、考核与奖惩、持续改进等概念，通过构建系统的目标责任体系，达到闭环管理、良性循环的目的。

目标总量设计是建立一套系统的目标确定、责任分解、考核奖惩、持续改进的企业运行体系，包括全年度所有重点工作和主要经营目标。

目标量化和分解是对一切纳入考核的目标都要量化与分解，以便于考核和管理。将目标责任分解到各级责任者，实行逐级负责，逐级考核制度，因此，目标责任体系必须层层建立，直至最终的执行者。

目标责任管理还强调过程控制和节点考核，对各部门按一定时间设置节点和考核，落实奖惩。

目标责任管理的目标体系中，应突出重点狠抓关键。机关各部门的节点任务，涉及全局，是任务的重点和关键。下达给所属单位综合计划、专项计划也属于主要目标的构成部分，都必须保证完成[4]。

5.4 航天系统工程计划管理的应用

航天型号研制生产项目通常是一个比较复杂的系统工程研制任务，涉及的专业、单位、人员众多，如防空导弹武器系统涉及到 900 多个专业，为确保计划管理任务的顺利实施，必须把计划任务进行分解。

航天型号研制生产计划管理的分解结构如图 5－2 所示。

5.4.1 航天型号研制计划管理

编制型号研制计划是研制计划管理中的一项重要工作。在市场经济条件下，现代化的科学技术研究工作，尤其是对于技术要求高、研制时间长、风险大、多品种、小批量型号产品的研制生产工作，必须在

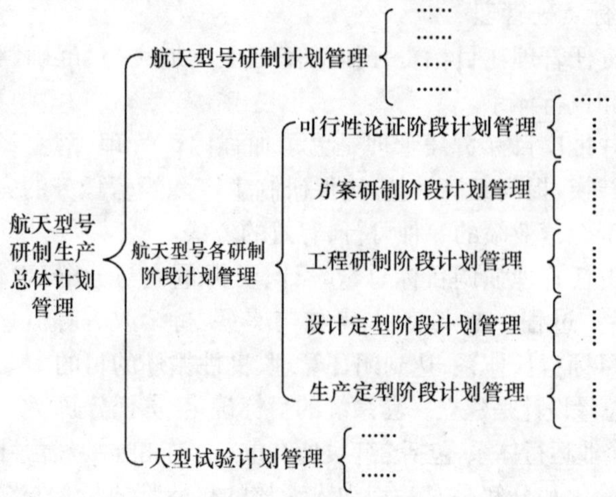

图 5－2　航天型号研制生产计划管理分解结构图

研制计划的指导下有组织、有步骤地进行，才能保证任务的完成。

型号研制计划，是指一级组织在一定时间内，为了达到预定的研制目的，在科学预测的基础上做出决策，确定目标，提出任务，并且采取组织措施和控制办法，对时间、空间和条件做出的预先安排。

要使计划得到顺利执行，首先必须明确各类人员的职责、权限和工作方法，完善各种规章制度，同时，要将计划指标层层分解落实并明确各专业、各部门之间的接口关系，组织好内部和外部条件的配合与衔接，即把达到计划目标所需的条件与活动有效地组合在一起，并使它们充分发挥自身的作用，以保证研制工作紧张有序地进行。

因此，计划管理部门必须经常深入现场，掌握情况，并通过日常的调度和检查，建立起有效的信息反馈系统，随时掌握计划的实施情况。一旦发现问题，及时采取措施，协调解决，确保计划总目标的实现。

计划管理部门要严格做好考核工作，制定合理的综合性考核指标，按期检查核实计划的完成情况，统计分析任务执行过程中资源消耗及工作质量等，对各项工作做出评价，奖优罚劣，促进研制工作的顺利开展。

5.4.2 航天型号各研制阶段计划管理

1. 可行性论证阶段计划管理

这一阶段的主要任务是针对使用方(用户)提出的要求,对型号各项战术技术指标及总体方案实现的可行性进行研究论证,最终完成可行性论证报告。

可行性论证阶段计划管理的主要工作如下。

1) 同用户研究商定型号的主要战术技术指标及全系统的构成后,向本单位有关部门下达论证任务。

2) 制定论证实施计划,明确负责单位和责任人。

3) 下达论证经费计划。

4) 编制论证中试验项目及试验计划。

5) 选择参研单位,估算项目总进度和经费需求。

6) 编制质量管理及工作计划。

可行性论证必须采用科学的程序和先进的方法。可行性论证程序如图 5-3 所示。

2. 方案研制阶段计划管理

该阶段的主要任务是完成型号工程的方案论证和方案研制工作。方案选择是型号研制的基础,关系到型号研制工作能否顺利进行以及型号研制的周期长短、经费多少和风险大小。因此抓好方案阶段的研制工作,制定协调、配套的研制计划是型号工程研制的重要保证。方案研制阶段计划管理的主要工作如下。

1) 根据型号工程项目的方案,编制研制计划网络图(编制方法前已叙述)。

2) 根据计划网络图分解计划,分别下达到各有关单位。

3) 编制下达工程项目设计计划。

4) 编制下达工程项目样机生产、试验项目及计划。

5) 编制下达工程项目技术措施计划。

6) 编制下达工程项目质量保证计划。

7) 编制下达工程项目经费筹措及分配计划。

8) 编制下达工程项目大型试验计划。

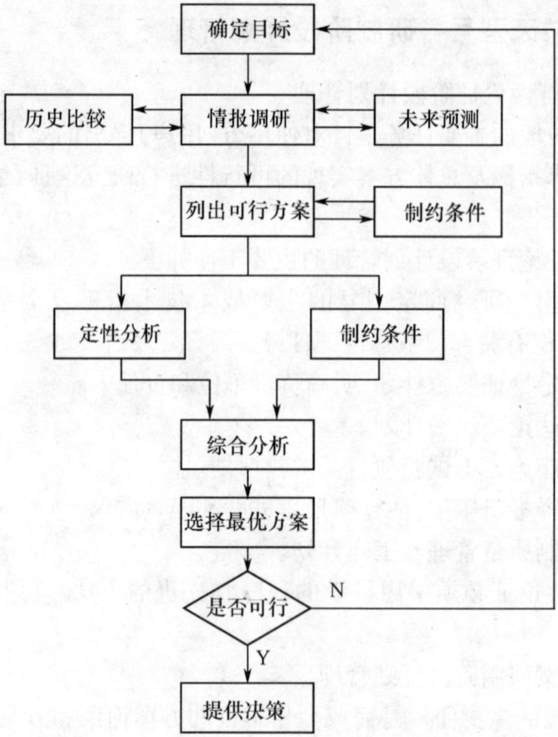

图 5－3　可行性论证程序

9）编制下达工程项目有关各项管理基础、制度、规定、大纲的制定工作计划。

10）下达技术攻关计划。

11）根据已下达计划，组织计划的调度和协调，检查计划的执行情况。

3．工程研制阶段计划管理

航天型号工程研制一般分为初样研制和试样研制两个阶段。对于型号工程项目的研制工作来说，方案是整个型号的基础，初样阶段则是研制工作的重点，试样阶段是研制工作的关键阶段。

初样阶段的主要任务是在方案设计和研制的基础上，进行初样设计，研制生产全部软、硬件产品，进行各类环境条件下地面摸底试验、全系统的综合试验等大型试验,完成初样研制报告的编写和转阶段评审。计划管理的主要任务是围绕阶段研制总目标,进行综合平衡与协调,保证型号项目的顺利进行。初样研制阶段计划管理的主要工作如下。

1) 编制初样阶段研制计划网络图,如图 5-4 所示。

2) 根据计划网络图分解下达各系统、各单位研制任务。

3) 协调下达各项试验项目及计划,特别要明确试验用设备(产品)生产的数量、用途及有关单位的协作关系等。

4) 经费保障及分配计划。

5) 其他方面,如质量、技术、试验场地及设施、设计评审、设计复查等专项计划。

6) 组织协调、调度和检查计划执行情况,保证研制工作在不断变化的情况下顺利进行。

试样阶段的计划管理内容和计划种类,与初样阶段基本一致。不同的是在这个阶段将进行多次大型地面和飞行试验,其组织协调和计划执行的难度与风险都比较大。因此必须加强该阶段的计划管理工作,计划管理的主要工作除下达完成设计等工作计划外,重点要放在参试产品的研制和大型地面试验、飞行试验的计划协调上。

4. 设计定型阶段计划管理

这是型号工程项目的最后收获阶段,因此其工作不仅重要而且非常繁重,计划管理工作更应周到细致、协调有序。设计定型阶段计划管理的主要工作如下。

1) 编制定型阶段计划网络图。

2) 分解下达各项定型工作计划。

3) 编制下达定型试验项目及试验计划(包括飞行试验、环境试验等)。

4) 编制下达各系统、单机定型鉴定及审查工作计划。

5) 编制下达工艺定型工作计划。

6) 编制下达定型资料整理、归档工作计划。

7) 根据各项计划进行检查、协调、调度工作,保证定型阶段工作任务的完成。

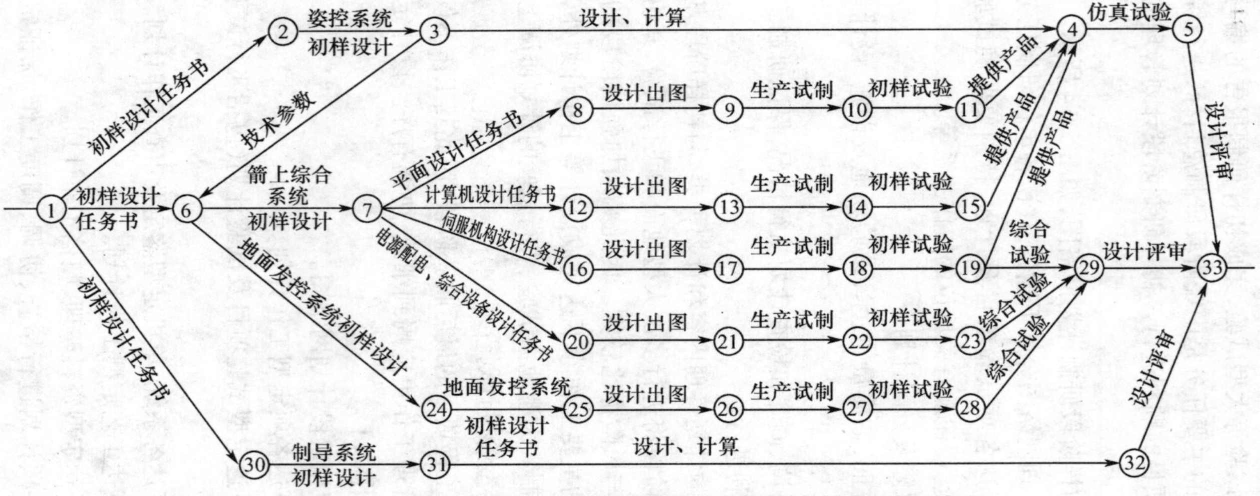

图 5-4　航天型号工程项目初样研制计划网络示意图

5. 生产定型阶段计划管理

(1) 生产的策划

在型号设计定型阶段,计划部门就要组织进行生产的策划工作,以保证生产任务的完成。主要进行的策划工作如下。

1) 根据生产批次和要求的产量,下达按工艺大纲进行生产线调整的计划。

2) 编制下达生产工艺设备及技术措施计划并组织检查落实。

3) 进行生产组织、人员调配、原材料元器件准备、资金筹措等计划的编制下达和落实。

(2) 生产计划的组织实施

编制计划只是计划工作的开始,更重要的是组织实施,把计划变成现实。为保证生产计划的完成,应重点抓好以下几个方面的工作。

① 计划下达

凡是由公司制定的生产计划,必须由公司下达到子公司,并由子公司有关部门下达到有关生产单位,共同努力完成生产任务。计划下达时,同时下达考核项目和要求。

② 加强日常生产调度工作

生产调度工作的基本任务就是依据生产计划,对生产全过程进行全面管理,及时发现和解决生产中可能出现和已经出现的各种问题,使生产过程中的各个环节、各个方面工作协调,密切配合,促进生产任务的完成。公司和子公司可成立相应的调度机构,对生产过程进行全面管理。

③ 建立完善、准确、及时的生产统计制度

这是生产计划管理中一项十分重要的基础工作。它是了解和反映生产计划执行情况的一种重要工具,为编制和检查计划,为领导决策和指导生产提供依据。同时,还要进行定期、不定期的生产统计分析,及时发现问题,提出解决办法。

④ 生产计划的考核和评价

严格的考核和正确的评价是计划管理的另一个重要环节。除月调度会上检查考核计划完成情况外,最重要的是年终的检查考核和评价工作。考核和评价可由公司计划部门组织进行,考核和评价结果可作为对生产单位进行奖惩的依据。

(3) 生产计划的变动与控制

由于市场和用户需求的变化,生产工序和外协件的变化,采购单位没有购到计划中要求的材料、元器件或设备等,从而造成生产计划的变动,但必须对该计划的变动进行控制。

如果能够在生产计划中预测这些变化,制定出差异很小的计划,就可以避免作业混乱,生产控制的职能也可以减少。

综上所述,航天型号研制生产计划管理工作过程如图 5-5 所示。

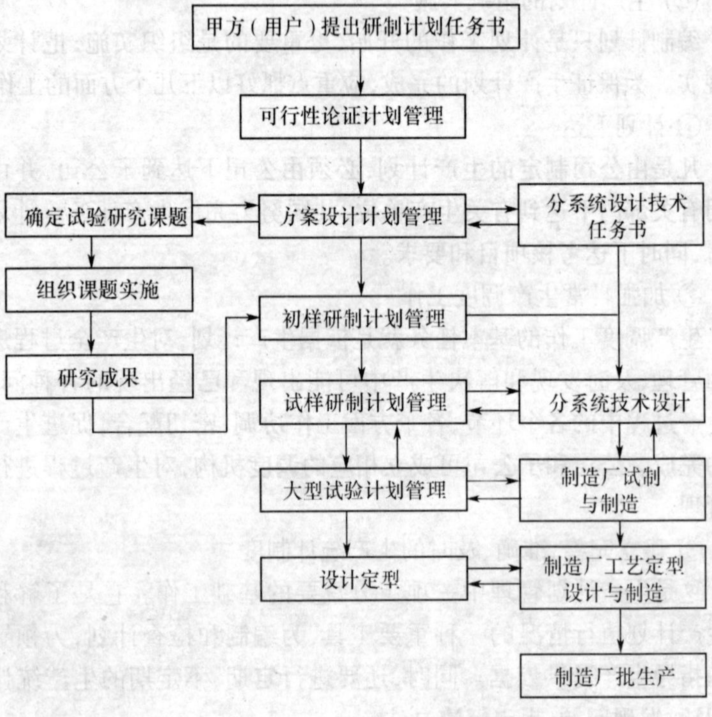

图 5-5 航天型号研制生产计划管理工作过程图

5.4.3 大型试验计划管理

大型试验的主要任务是使用样机、产品或专门制造的硬件和软件对型号项目的系统技术指标、性能进行的试验和评定。大型试验计划管理的主要工作包括：编制试验实施和保障计划，编制试验数据处理和试验报告计划，编制试验中消耗的全部硬件项目计划，以及编制试验质量保证计划等。

参考文献

[1] 金其明.防空导弹工程[M].北京:中国宇航出版社,2004:402-410.
[2] 罗伯特·安格斯,诺曼·冈德森,托马斯·卡利南恩.项目的计划、实施与控制[M].周晓红,译.北京:机械工业出版社,2005:186-194.
[3] 赵兵.航天系统工程[M].北京:宇航出版社,2000.
[4] 黄瑞松.飞航导弹工程[M].北京:中国宇航出版社,2004:428-432.
[5] 罗里·伯克.项目管理——计划与控制技术[M].北京:经济科学出版社,2005:89-92.
[6] 沈伯南.飞航导弹系统工程管理[M].北京:宇航出版社,1999:41-47.

第6章　航天系统工程风险管理

导弹武器系统研制是个庞大的系统工程,涉及众多的技术门类,有的项目需要数以千计的企事业单位参与,耗资巨大,研制周期长,生成的风险因素数量多且种类繁杂。随着我国导弹武器装备的性能不断提高,经济可承受性日益受到重视,进度要求更加严格,装备研制中的风险问题引起了广泛的重视。

进入21世纪,我国导弹武器系统的研制和生产任务十分繁重,处于难得的机遇期。相应地,高风险事件也频频出现,有的风险事件甚至导致大型试验或飞行试验的失败。全面开展研制过程中的风险管理已刻不容缓。了解和掌握导弹武器系统研制风险的来源、性质和发生规律,强化风险意识,进行有效的风险管理,对研制项目的成功具有十分重要的意义。

6.1　风险管理概述

6.1.1　风险及风险管理

任何活动中都有风险,风险是任何一个工程或项目固有的属性。风险是回避不掉的,无论进行怎样严格的评审和监督,工程项目中依然存在着风险[1]。

所谓风险,是可能危及计划或工程项目的潜在问题,是在确定的经费、进度和技术约束条件下不能实现工程总体目标的度量。风险由两部分构成:其一,不能产生某一特定结果的概率或可能性;其二,不能产生这一结果的后果或影响。

风险代表不利事件发生的概率及其后果严重性的函数,是风险主体在一定的时空条件下,由于条件变化和决策的不确定性,导致行为后果与预期目标发生偏离的可能性。偏离越大,风险就越大。风险事件是指工程项目进行中那些一旦出现就有可能造成工程项目或系统出现问题的事件。

风险管理是指风险主体对可能遇到的风险进行识别、分析和评价,并在此基础上对风险进行有效的监测和控制,以最低成本实现最大安全保证,可靠地实现项目总目标的科学管理方法。风险管理的任务是不断研究风险的特征和规律,采取各种措施识别并评估风险出现的概率及后果的严重程度,提出各种技术、组织及管理措施监测和控制风险,以规避、消除、减轻或遏制风险的影响。美国国防采办中将风险管理定义为应付风险的行动和实际做法。包括制定风险问题规划、评估风险区、拟定风险处理备选方案、监控风险变化情况和记录所有风险管理情况。

风险管理已经成为航天系统工程管理和项目管理的有机组成部分。航天型号研制生产项目是复杂的巨系统,具有涉及学科领域多、技术难度大、创新点多、周期长、投资强度大等特点,因而在其研制过程中存在着很大的不确定性和风险性,在其全寿命周期过程中,一旦对其风险因素不能有效识别和控制,就会带来重大的损失。航天型号研制的风险管理并不是要成立专门的组织机构,而是每一个参与者都负有处理风险的责任。在航天型号研制生产的传统管理过程中,风险管理只是加强航天系统工程管理、降低成本费用、保障研制成功的一项技术。而在当前,风险管理在航天型号管理中担负着更多的职能,扮演着综合管理的角色,并通过风险管理活动,让航天型号研制项目的每一位参与者树立风险意识,在研制项目活动的各个环节都考虑风险问题,主动担当相应的风险责任。

航天系统工程管理中对风险的识别、分析、控制等是一个系统化的有组织的过程。航天研制生产中的风险因素多、相关关系复杂、识别困难,且处在动态的变化之中。因此,只有规范航天科研生产中的风险管理行为,才能有效地识别风险、科学地分析风险并从中找出关键风险因素,运用有效的方法对风险进行控制。对航天型号风险管理过程来说,风险的分析与控制技术是做好航天型号研制项目管理、提高质量与可靠性、确保成功的关键所在。

6.1.2 航天型号研制中风险的起因

在航天型号研制过程中,风险无处不在,导致风险的因素很多,有系统本身的因素,有研制人员的因素,有组织方面的因素。

1. 系统因素

1) 需求的不确定性和战术技术指标的不完备性。研制工作越深入,由于需求的不明晰造成的混乱就越严重。而战术技术指标的确定是一种典型的不完全信息下的决策。因此,如何使需求的确定更合理、分析更深入,是事关研制风险大小的关键因素。

2) 项目本身的难度和复杂性。

3) 承担研制任务单位的技术能力。

2. 人员因素

1) 对于需求理解上的不准确性和行动上的不严谨性。

2) 行政总指挥对项目的关心和支持程度。

3) 总设计师的能力。总设计师既是技术权威,又是研制过程中的信息枢纽,他对项目的成功至关重要。

4) 项目组成员的能力。项目组是否具有知识互补性、能力协同性,以及是否团结合作,对于产品的研制十分重要。

3. 组织因素

1) 项目的组织管理水平。对于同一研制项目,组织管理效率和水平的高低,会使项目的成功率、开发研制周期以及成本产生明显差异。

2) 行政指挥线对技术指挥线的指挥与控制水平。

3) 分承制方的规模。分承制方越多,相应的管理节点就越多,协调指挥就越困难。

4) 承制方与分承制方、分承制方相互之间企业文化的相容性。实际工作中,由于处事方式和行为规范的不同而引起协作单位之间的冲突屡见不鲜,它对项目研制的负面影响显而易见。

5) 风险管理意识和水平。

6.1.3 航天型号研制中风险的分类

风险出现在航天型号研制工作的方方面面,而且类别繁多。按对系统研制进程的制约程度,可把风险归纳为技术风险、费用风险和进度风险。

1. 技术风险

技术风险也称性能风险,是指工程项目在预定的资源约束条件下,达不到战术技术指标的可能性及差额幅度,或者说研制计划的某个部分出现事先意想不到的结果,从而对整个系统性能产生负面影响。导致技术风险的主要因素有:一、技术要求难度大,根据现有技术储备,实现起来比较困难;二、既定指标过高,造成技术上难以实现[2]。

2. 费用风险

费用风险是指项目在实现其研制阶段费用目标方面存在的风险,导致费用风险的主要因素有:一、费用估算和费用目标不够准确合理;二、技术风险未能缓解,导致项目不能满足费用目标。

3. 进度风险

进度风险是指因给航天型号研制所估算和分配的(工作)时间不足而产生的风险。导致进度风险的主要因素有:一、进度估算和进度目标不够切合实际或不够合理;二、技术风险未能缓解,导致项目不能实现其进度目标[3]。

航天型号研制是一个多学科、多专业技术集成的系统工程,多种风险贯穿于研制全过程,其不可预知性和综合性已引起各有关部门的高度重视。许多国家军用标准、武器装备研制程序和武器装备研制合同提出了在武器装备研制阶段开展风险管理的要求,以推动武器装备研制工作朝着“好、快、省”的方向发展。

6.1.4 我国导弹武器研制的主要风险

导弹武器的研制,从确定目标、开展可行性论证、设计、研制直至定型,工作千头万绪,纵横交错,是一个庞大的系统工程。在整个研制过程中涉及的技术风险、进度风险、费用风险和安全风险等千差万别,种类繁多。从我国航天工业的实践来看,导弹武器研制的风险主要是技术风险,重点反映在以下几个方面。

1. 技术未吃透

无论是设计、生产,还是试验,都存在吃透技术的问题。承担研制任务的单位不吃透任务要求(或用户需求),就无法研制出满足战术技术指标要求的优质产品;设计人员如果吃不透有关理论和技术(传统工程学科和专业工程学科),就可能出现设计不合理或设计错误的问题;研仿产品若不吃透样机的技术性能和设计状态,知其然不知其所以然,轻易更改技术状态,就达不到借鉴的目的,可能要走弯路;"移植"已有型号的定型产品,没搞清使用环境,"盲目照搬",会造成不协调而带来意想不到的后果;生产未吃透设计要求或未严格按设计、工艺要求实施,就无法生产出符合设计要求的合格产品;试验产品的技术状态、试验规律未吃透,认识上存在片面性以及检测、验证手段不足,会影响试验的结果;对技术问题理解的差异,也不能保证研制、试验任务的圆满成功。在各种大型试验中,因技术问题未吃透造成试验失败的占有一定的比例。从分析中可以看出,除少数或个别深层次的技术问题,由于受认识水平和条件所限一时难以吃透、需花费一定的"学费"外,多数问题还是可以通过提高设计人员的业务素质和加强严谨务实的工作作风予以避免和消除的。因此,"吃透技术、吃透状态、吃透规律"显得非常重要。

2. 设计不合理

航天型号的功能和性能指标首先要通过设计人员的精心设计才能保证,可靠性、维修性、保障性指标也是由设计所决定的。如果产品设计不合理,方案有问题或者忽略了某些必须考虑的问题,那么缺陷迟早会在各种大型试验中暴露出来。

3. 技术协调不充分

导弹武器系统的研制涉及许多专业,众多的不同隶属关系不同类型的研制和生产单位共同承担研制工作,需要系统总体与各分系统、各分系统之间、各设备之间设计和承制单位工作关系的协调一致。既有纵向协调,又有横向协调,这些协调关系包括总体与各分系统、各分系统之间、各设备之间、软件与软件之间的数字接口、电气接口、机械接口和协议等关系。在设计阶段要充分协调这些关系并以文件化的形式传递，要通过模装、对接、匹配试验、电磁兼容性试验、仿真试验、分系统测试、系统综合测试等试验，不断发现问题并协调解决问题，最终确保导弹武器系统协调一致。在实践中经常出现的问题是：任务书中没有对接口提出明确要求，总体与各分系统之间、设备之间协调不够，接口约定不严密及软件与软件之间、软件与硬件之间不协调等，造成大型试验受阻。

4．设计验证不充分

必要而充分的地面试验，是检验产品设计正确性的有效手段，是保证产品质量的有效措施，也是武器装备研制实现产品的适用性（性能、指标、寿命的特性总和）、安全性、可靠性和经济性的最好途径。武器装备研制必须遵循研制程序，认真执行在地面试验成功后才能进行飞行试验的规定，在地面充分验证的基础上，才能保证飞行试验取得“一次成功”；局部技术状态的变动，不仅要满足产品的技术要求，还必须经试验验证后，方可投入使用。但地面试验不充分和不全面，造成研制试验重大损失的情况多次出现，地面试验条件与使用条件不符，验证不具有真实性等问题也时有发生。

5．技术状态控制不严

技术状态更改控制是技术状态管理的重要环节，也是设计质量控制的关键要素。技术状态的更改一定要做到论证充分、试验验证、各方认可、审批完备，这是航天型号研制付出了巨大代价后总结出来的实施准则。

历史上，出现过这样的事件：在技术状态更改前，没有充分论证状态更改的合理性，没有认真分析技术状态改变所带来的边界条件（各种偏差、极限情况、正负号、环境条件等）及其他方面的变化，由此产生多方面的风险，问题出现后，又没有针对这些风险所带来的影响，采取相应的对策。

要从系统的角度考虑到对“左邻右舍”的影响，要与各相关方进行充分的协调并得到认可。更改时要严格履行更改程序，做到文文一致、文实相符，确保更改的正确性。更改后要进行充分的地面试验（含仿真试验），验证更改的正确性，并将技术状态变化信息及时传递到有关方面，做到技术状态变化清楚。

6. 疑点未真正解除

航天产品在各研制阶段的地面试验和飞行试验,是检查和验证产品设计的技术性能及可靠性、安全性等是否达到规定要求的重要手段。对试验中出现的任何疑点、故障或异常现象都要给予足够的重视。不放过疑点就是要做到: 现象不清不放过,状态不清不放过,问题不明不放过,措施不落实不放过。

航天产品飞行试验中多次出现的故障和问题均在飞行试验前的试验和测试中暴露过,但因种种原因未能认真分析并采取措施,错过了宝贵的时机,使本不应失败的试验失败了。有些单位因为试验成功就忽视了对试验数据的判读和分析,对试验中暴露出的产品问题,不能彻底查明原因,提出改进措施。再次飞行试验时,产品带着疑点和隐患上天。

7. 技术问题归零不彻底

产品设计或生产中会存在某些缺陷和隐患。问题发生后及时识别其原因并抓住时机实施技术归零工作,是型号产品研制、生产、试验过程中关键节点控制的重要内容。技术问题归零应做到: 定位准确,机理清楚,问题复现,措施有效,举一反三。这五条是相互联系、不可分割的整体。在技术问题归零过程中,必须找到问题的确切原因,采取切实可行的针对性措施,并举一反三,才能达到类似问题不再重复发生的目的。技术问题归零过程中往往出现以下情况: 故障出现后没有准确地找到故障部位,故障机理不清,采取措施不能准确到位,有时虽然采取综合治理的办法,仍然导致故障重复发生;试验失败后,对试验记录、数据未进行认真分析,未找到产生故障的真正原因,导致飞行试验再次失败;因故障机理不清,纠正措施缺乏针对性,未能进一步开展分析工作,致使故障成为历史遗留问题;设计质量复查未能针对已暴露的问题一追到底,失去了纠正问题的良好时机;对已分析出的原因只在部分设计和产品上采取了纠正措施,导致相关问题重复发生。

8. 管理不到位

型号产品质量是设计生产出来的,也是管理出来的。由于管理不到位或管理不善,有章不循和无章可循,严重影响型号研制、生产和试验质量,推迟研制进度和交付周期,甚至导致重大质量安全事故。

6.1.5 导弹武器研制风险管理的基本原则

风险管理成功的关键是早期策划和执行。早期策划可使研制单位能够用有组织的、综合的、反复迭代的方式识别风险，评估风险，处理风险。因此，风险评估应尽早在研制周期内开始，以保证在型号项目计划和型号项目成本预算中充分考虑关键的技术风险、费用风险和进度风险。

风险管理部门应定期地更新型号风险评估，相应地选择风险管理策略。早期获得的风险信息数据可帮助研制单位做好招投标工作，选择外协外购伙伴。随着研制工作的深入进行，新获得的信息可使有关人员更加认清风险区，从而制定更为有效的风险应对策略。

有效的风险管理要求型号研制队伍全员参与，并邀请外部相关关键风险领域专家介入。所谓的关键风险区一般是外来威胁、技术、设计、制造、后勤保障、计划和费用管理等。

此外，风险管理过程应该覆盖硬件、软件、人及其组合。型号产品的用户代表应该参与风险评估，使得经费、进度、性能和风险处在一个可以接受的均衡状态。为使风险管理有效，应遵守以下基本原则。

1）计划性。风险管理是有计划的系统的管理。

2）前瞻性。不仅考虑当前的问题，也考虑潜在的未来的问题。

3）关注技术风险。在关注进度风险和费用风险的同时，更要明确地关注技术风险。

4）文件归档。风险管理的各项工作都应记录下来，有关文件汇编成册，数据资料全部归档。

5）连续性。在型号研制的各个阶段都应开展风险评估，如果需要，风险处理活动也将不断地被评估和变更。关键风险区域要始终处于被监测之中。

6.2 风险管理过程

风险管理是应对风险的行动或实践，包括制定风险管理规划、评估（识别和分析）风险区、制定处理风险方案、监测风险变化情况、记载风险管理的全部活动等。简而言之,风险管理是一个过程,由风险规划、风险评估、风险处理、风险监控、风险管理活动记载组成,如图 6-1 所示。

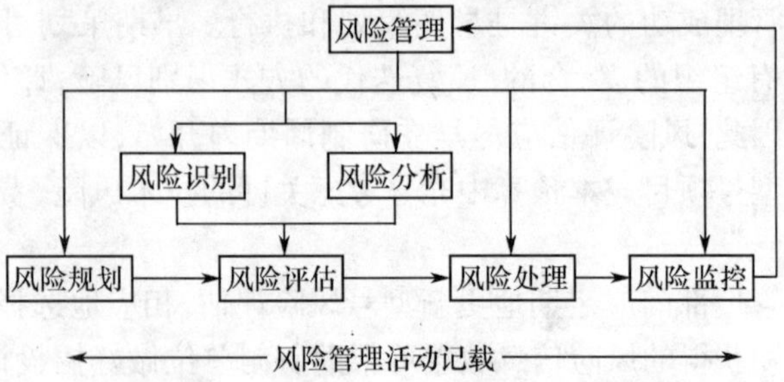

图 6-1　风险管理过程

6.2.1　风险规划

风险规划是确立有组织的、综合性的风险管理策略的持续过程,其目的是制定风险管理行动的详细计划。风险规划是一个迭代过程,包括评估、控制、监控和记录项目风险的各种活动。

风险管理规划明确了风险管理的目标,确定性能、进度、费用的指标,规定评估过程、需要考虑的风险区和可能接受的风险水平,制定处理风险的方案,设定监控的衡量标准,规定报告和文档的格式等。

6.2.2　风险评估

风险评估是对项目各个方面的风险和关键技术过程的风险进行识别和分析的过程,其目的是促进项目更有把握地实现其性能、进度和费用目标。风险识别是指对项目各个方面和各个关键技术过程进行考察研究,从而辨识并记录有关风险的过程。风险分析是指对识别出的风险区或风险技术过程进行考察研究,以进一步细化风险描述,从而确定风险的致因和影响。

风险评估是风险管理工作中的问题定义阶段。评估结果成为大多数风险管理活动的基础。风险评估是风险管理过程中最重要的阶段之一,因为评估工作的准确性和质量将决定风险管理工作的效果。

风险评估包括三个步骤：识别、分析、分级与排序。

1．风险识别

风险识别从处理项目的风险事件入手。项目负责人对项目的风险事件进行考察和识别，并将事件分解细化到适当的层次，使得评估人员能弄清任何一项风险的性质及其产生的原因。识别和确定风险事件最有效的方法是逐个考察工作分解结构的产品单元和过程单元，并对此风险事件，用风险源或风险区来表述。经过长期的采办经验积累，美国国防部总结出武器装备研制生产中的三大风险，即技术风险、费用风险和进度风险，进而又将这三大风险细分为12个典型的风险区，每个风险区包含若干重大风险，如表6－1所示。承制方应对这12个风险区极为关注。

表6－1　典型风险区的重大风险

风险区	重大风险
外来威胁	武器装备项目对外来军事威胁的描述不准确 系统设计和所用技术对外来军事威胁反应不灵敏 研制项目对抗外来军事威胁的能力较弱 防止泄密的能力较弱
要求	战术技术要求制定得不完整，或阐述得不清楚 战术技术要求不稳定 作战环境没有描述 战术技术要求没有涉及后勤保障和实用性问题 要求过高
设计	在方案探索阶段，设计理念没有得到充分考虑 系统不能满足用户要求 系统设计对用户的人力及其技能考虑不周，人机接口存在问题 设计没有遵循要求的费效比，成本过高 设计依赖不成熟的技术 软件设计、编程和测试存在问题
试验与评价	早期没有制定项目试验计划 试验没有考虑最终使用环境 试验程序没有囊括全部性能和适用性要求 没有专项试验设施，特别是系统级试验 没有充足的时间进行彻底的试验

续表

风险区	重大风险
仿真	试验和评价中,同样的风险重复出现 模拟和仿真未验证、未评估、未鉴定 项目缺乏适当的工具和建模仿真能力
技术	项目建议采用的技术未经过验证,无能力实现项目的所有目标
后勤	缺乏充足的后勤保障能力,导致研制设计变更,费用提高,进度后拖 权衡分析没有考虑后勤保障性问题
生产与设施	方案探索阶段没有考虑生产因素 设计阶段没有充分考虑生产因素 生产准备时间不足 主承制方没有管理分承包商的计划 没有足够的低成本生产设施 研制合同没有鼓励现代化设施或降低成本的刺激条款
并行工程	在生产前有不成熟的技术或有未经过验证的技术 生产资金过早到位 建立并行工程时没有清楚地理解风险
承制方的能力	承制方的研制经验不足 承制方拥有不良的费用和进度控制记录 承制方的关键人员流失 承制方主要依赖分包商的研制能力 承制方需要大量的资本投入才能满足项目要求
费用与资金	没有在项目初期制定现实的费用目标 以高费用代价获得边际性能 没有进行令人满意的费用/性能权衡分析 没有处理好后勤保障问题,导致高昂的全寿命周期费用 过度依赖软件 资金到位及使用不符合采办策略 资金到位及使用在预算周期内不稳定
进度	权衡分析中没有考虑进度 进度不反映现实的研制计划 进度目标不现实,无法实现 缺乏实现进度计划的资源

其他一些风险区如人力资源、环境影响、系统安全等也需识别，以便作进一步的风险提示。经过风险识别，就找出了风险事件，并确定了风险区，下一步工作是对其中最重要的事件进行风险分析。

2. 风险分析

风险分析的首要工作是详细研究已识别出的关键风险事件，收集有关风险的足够信息，判断风险事件发生的概率及其对费用、进度和性能的影响。

影响评估的主要信息如下：

1）与类似系统的比较结果；

2）对相关教训的研究；

3）经验；

4）试验和样机研制的结果；

5）工程样机或其他样机的数据；

6）专家学者的判断；

7）对各类有关计划和相关文件的分析结果；

8）模拟和仿真；

9）备选方案的灵敏度分析。

采用特定的风险分析技术对已知的风险进行分析后，必要时还要进行一些辅助性分析，例如：设计分析、工程分析、仿真分析等。这些分析为主观性分析提供了基础。

风险分析最关键的一点是数据收集。访谈专题技术专家和类比类似系统是两个主要的数据来源。在风险管理活动中，还要对风险划分等级和进行排序，以便准备进行风险处理。

3. 风险分级与排序

各类风险事件对项目的影响是不一样的。在风险分析过程中，要对风险事件进行分级和排序。排序是为了确定风险的严重性，按危害程度排列风险事件，以便有条不紊地处理风险事件。可以说，风险分级和排序是风险分析必不可少的组成部分。

风险等级是风险对项目潜在影响的标示。一般是根据风险事件发生的概率或可能性以及风险事件的后果或影响，把风险事件划分为高、中、低三个等级，如表 6－2 所示。

表 6-2　风险等级

等　级	说　明
高	可能有重大危害
中	有某种危害
低	影响轻微

进行风险分级和排序,需建立一套明确的标准。专题技术专家是进行风险分级和排序的最佳人选。专题技术专家根据经验,结合数量分析技术,制定出风险事件发生概率的标准和风险事件后果分级的标准。系统层次的风险事件后果用对费用、进度和性能的影响来衡量。表6-3表示风险事件发生概率或可能性标准,表6-4表示风险事件后果或影响标准。表6-2就是表6-3和表6-4的综合表示。

表 6-3　风险事件发生概率或可能性标准

等级	风险事件发生可能性
A	极小可能发生
B	不大可能发生
C	可能发生
D	极有可能发生
E	接近肯定发生

表 6-4　风险事件后果或影响标准

等级	假设风险已成事实,会产生何种程度的影响		
	性能	进度	费用
1	影响极小或无影响	影响极小或无影响	影响极小或无影响
2	采取一些缓解措施,影响可以接受	需要另增资源,可以满足需要的进度	<5%
3	采取重大缓解措施,影响可以接受	对关键里程碑有轻微偏离,不能满足需要的进度	5%~7%

续表

等级	假设风险已成事实，会产生何种程度的影响		
	性能	进度	费用
4	影响可以接受，但已没有任何缓解的余地	对关键里程碑或受影响的关键路径有重大偏离	7%～10%
5	不能接受	不能实现关键节点或重要里程碑的进度	>10%

使用风险等级方法，型号管理人员就能够确定需要优先管理的风险事件。对风险事件按优先次序排序的文件称为监测清单。风险等级还帮助确认应该报告的风险区。因此，尽可能准确地评定风险事件等级是十分重要的。

一个表示风险事件的风险等级的简单方法是风险矩阵。在风险矩阵中，风险事件概率和其后果的不同组合构成高、中、低三个不同等级的风险，如图 6－2 所示。不同的项目应该剪裁自己的风险等级，以适应自己独特的风险管理要求。

可能性		1	2	3	4	5
	E	中	中	高	高	高
	D	低	中	中	高	高
	C	低	低	中	中	高
	B	低	低	低	中	中
	A	低	低	低	低	中

后果

图 6－2　风险矩阵

风险事件的分级和排序应该从工作分解结构的低层次到高层次展开，这就意味着，低级工作分解结构单元的风险效应需要累积地反应到顶层或系统层。

6.2.3 风险处理

风险处理是对风险进行辨识、评价、选定并实施应对方案的过程，其目的是在给定项目约束条件和目标下使风险保持在可接受水平。

风险处理的方法主要有四种基本类型：风险规避、风险控制、风险承担、风险转移。

1. 风险规避

风险规避是指更改设计方案、技术要求、规范及惯例，将风险降低到最低水平，即取消那些不确定的要求，消除高风险源，代之以较低等级的风险。风险规避包括权衡性能风险或其他能力风险，因此，它与要求分析同时进行。要实现规避风险，就要了解各种要求和约束条件之间的先后次序。在许多情况下，都可以从若干备选方案中选择出较低风险的方案，而作出低风险选择就是作出了风险规避的决策。

风险规避的措施有：

1）降低新研制系统及设备性能改进的幅度；

2）研制较为简化的系统及设备，采用现有的系统及设备；

3）不采用或少采用新工艺、新材料、新技术；

4）及时了解上级、平级单位的有关情况，对技术方案的变动、进度和资金保障情况等要做到有一定的预见性；

5）项目负责人对工程项目的各类计划经常进行评审；

6）尽量避免与工程项目有直接关系的人员的变动。

总之，就是要降低技术指标和进行功能改进，并使复杂性降低，从而有效地降低技术风险。进度风险和费用风险主要由技术风险引起，降低了技术风险，也就有效地降低了进度风险和费用风险。

在航天型号研制中，没有技术风险也就没有技术进步，也就失去了研制的意义。所以，应对项目风险进行权衡，风险既不能太高，也不能太低，而是要把项目风险确定在一个可接受的适当水平上。

2. 风险控制

风险控制是承认风险，并采取有效措施尽力减少风险的发生和减轻它的后果。风险控制措施有两个特点：一是要求相应的资源投入；二是需要额外的时间来实现风险控制。因此，选择风险控制方案就势必要求对投入的资源和方案的预期效益进行权衡分析。常用的风险控制措施有以下几种。

1）多重研制——确定两家或多家独立的设计单位，并行工作，各自拿出能够满足用户技术性能要求的设计方案。

2）备用设计——确定一种风险较低的设计方案，作为备用方案。

3）权衡分析——利用系统工程决策分析方法包括权衡分析方法解决复杂设计问题。权衡分析的目的是综合和平衡一个系统设计的全部工程要求，精心实施的风险分析要考虑与设计方案有关的各类风险。

4）早期制造样机——在研制初期制造和试验的系统样机或关键设备样机可用来评估风险的性质。样机试验的结果可融入设计和制造过程要求。此外，早期制造样机的方法对软件开发和确定人机接口技术参数也非常有用。

5）渐进研制——循序渐进的研制方法就是逐步地完善产品系统设计和生产，产品生产后，仍然对产品进行有计划的改进或软件完善，以求实现系统的最终能力。

6）技术预先研究——为武器装备研制提供较为成熟的技术。

7）健壮设计——健壮设计采用先进的设计和制造技术，可提高方案设计质量和产品质量。

8）开放系统设计——系统的接口（外部接口、内部接口、功能接口与物理接口）全部由公开标准与规范加以规定的一种设计。

3. 风险承担

风险承担是指风险因为其发生概率和产生后果的严重性相当低，被合理接收而不会对研制工作产生影响，因而有意识地或有准备地承担风险。但是应当预留出费用余量和进度余量，以应对各种阶段风险决策可能产生的任何问题。这种对识别出的风险不作专门处理的方法，最适宜于低风险范畴的风险。

4. 风险转移

风险转移是在方案设计和研制过程中重新分配风险，从而降低整个系统的风险。所谓重新分配是指将系统某个部分的风险重新分配到该系统的另一部分，或者使风险在订购方与承制方之间或政府有关部门之间进行重新分配。风险转移是功能分析与分配过程的有机组成部分，是风险分担的一种形式而不是解除风险，它可能影响费用指标。例如将某种保障功能由硬件执行转为由软件执行,或者相反。风险转移的效果取决于能否成功地使用系统设计技术。模块化设计和可靠性、维修性分配是支持风险转移的两种设计技术。

6.2.4 风险监控

风险监控是指在整个研制过程中,按既定的衡量标准对风险处理活动进行系统跟踪和评价的过程,必要时还包括进一步提出风险处理的备选方案。

6.3 导弹武器研制风险管理

由于与社会主义市场经济体制相适应的国防科技工业运行机制尚待完善,长期计划经济模式所造成的巨大惯性仍在起作用,目前导弹武器装备研制单位还普遍缺乏风险管理的主体意识。具体表现为:一、对待风险缺乏足够的敏锐性,对于风险因素防范不力。二、风险管理缺乏超前意识和预防意识。三、项目开发前,缺乏项目风险管理规划,全面的风险分析不够,或者只对项目风险进行简单预测和规避预置;项目开发中,项目决策考虑项目的计划和代价居多,缺乏风险管理,没有完整配套的风险应对措施,无法进行有效的风险控制和风险监督,难以进行风险决策;风险事件发生后,凭经验进行事后处理和故障分析[4]。四、研制风险管理并没有纳入型号研制管理体系,尚处于探索性发展阶段。

导弹武器系统研制管理和决策复杂,面临多变的内外环境和来自市场、技术、管理等方面现实的及潜在的各种风险。虽然我国导弹武器系统研制还没有建立起完善的风险管理体制,对风险的管理过程和体系正在探索过程中,但实际上,导弹武器装备研制各单位在研制的全过程中都开展了风险管理,并把风险管理渗透到项目研制中的各个环节,客观上实现着在适当的时间内、以适当的费用、为军方提供适当功能和性能的武器装备的目标。

6.3.1 论证阶段的风险管理

导弹武器系统论证阶段风险管理的重点是技术、进度和费用风险预测。以影响实现目标的风险为主线,重点分析在研制过程中可能出现的技术、进度、费用风险以及展开对人员、物资保障和外部风险因素的分析,并找出各种风险的原因和解决途径,对各总体技术方案进行评审,确定关键技术攻关项目,制定技术风险、费用风险和进度风险的应对措施。

该阶段采取的应对措施主要有以下几种。

1) 坚持尽量采用成熟技术、加强技术基础建设、不片面追求新技术和多功能的原则,使方案做到切实可行。

2) 武器装备的设计和制造采用CAD/CAPP/CAM/CAT 等技术,提高武器装备的研制质量,减少或避免技术风险,节省人力、物力和时间。

3) 认真分析技术改造项目,确保研制中的技术和试验条件得到解决,同时又要避免重复投资和重复建设;统筹策划试验用产品,尽量做到一次试验多项成果,多次试验可合并的尽量合并进行,减少投产数量和重复试验次数,节约经费。

6.3.2 方案阶段的风险管理

方案阶段风险管理的重点是攻克关键技术和新部件、分系统的试制与试验。对武器装备系统进行逐级分解,确定技术状态项目,进行费用估算,安排进度,分析风险。通过分析不同方案的风险来优选确定技术方案。汇总确定新技术、新产品、新材料和新工艺,对其进行定量的评估,确认风险项目。进行样机的设计、制造和审查。

6.3.3 工程研制阶段的风险管理

在工程研制阶段,风险管理的重点是进行设计、试制和试验的信息采集,开展风险评估。评审设计的可生产性,进行软件的开发测试。在技术上主要是进行各种验证性试验,特别是关键技术的验证,以降低样品试验件制造的风险。在进度和费用上跟踪和监测进展数据,采取一定的纠偏措施,降低风险。开展武器装备验证试验,并对各项试验进行严密监控。

6.3.4 定型阶段的风险管理

对武器装备性能和使用要求进行全面考核,对产品批生产条件和质量稳定情况进行全面考核,全面推进风险管理,最终确定产品规范、工艺规范和材料规范。该阶段风险管理的主要工作有以下几点。

1) 落实方案阶段和工程研制阶段已经提出的降低风险的措施。

2) 对生产过程中的更改和改进进行风险评估;对试用过程进行监控和跟踪。

3) 应用 FTA、FMEA、FMECA 分析方法,对武器系统可能发生的故障和风险因素进行分析,清理出影响武器装备可靠性、安全性的各种因素和关键项目,针对这些项目制定出设计、工艺、生产等具体措施和实施计划,进行试验验证。采取安全性专项管理,量化技术风险概率,确保各种飞行试验成功。

6.3.5 导弹武器系统研制风险管理的经验

导弹武器系统研制单位在实践中创造和积累了丰富的风险管理经验,并把这些经验总结提升为技术和方法,如确保飞行试验“一次成功”技术保障分析、型号设计复核复算管理办法、质量复查、“双想”活动、各阶段放行准则、测试覆盖性分析等。这些风险管理的技术和方法,加之与 FTA、FMEA、FMECA 相结合,与重要试验中制订完善的预案相结合,对保证导弹武器装备研制的顺利进行,起到了极其重要的作用。

1. 确保飞行试验“一次成功”技术保障分析

导弹武器系统飞行试验是型号研制过程中的一个重要环节,一般都是在一种状态或一个批次经过设计、仿真、生产、测试、地面试验后进行的全弹飞行状态检验和试验,是在动态、综合、真实飞行条件下对系统进行的一种全面检验、考核。通过飞行试验可以检验系统方案、设计、工艺的正确性、协调性,考核评定系统的性能、精度、可靠性等战术技术指标。尽管在型号研制过程中,进行了大量的地面试验,但最终还要通过飞行试验进行检验和考核。进行飞行试验所投入的人力、物力、时间、经费都是巨大的。而试验失败带来的影响、反复、进度推迟等方方面面的损失,也是无法估量的。由于地面试验条件所限,不可能全面、充分地模拟导弹真实飞行条件下的环境、状况,因而,飞行试验很可能出现不可预料的问题,存在失败的因素。如何避免由于在地面试验中问题暴露不充分，造成飞行试验失败的情况发生，确保飞行试验成功，减少反复，缩短研制周期，是型号研制过程中所面临的一个重大课题。

确保飞行试验“一次成功”技术保障分析实际上是FTA方法的逆向应用。FTA是在出现故障后，为寻找和确定故障而进行分析的过程。而“一次成功”技术保障分析是用树状结构，从工作开始而逐级进行事先分析。围绕确保飞行试验成功这个中心，总体及各分系统对导弹武器系统的设计、生产、试验直至导弹发射、飞行全过程中的每一个流程、每一个环节、每一个分系统、每一个产品中制约产品正常工作的影响因素及控制因素进行深入细致的分析，对分析中发现的薄弱环节采取有针对性的措施，并有重点地进行试验验证，以确保在飞行试验过程中，导弹武器系统的每一个流程、每一个环节、每一个分系统、每一个产品都工作可靠，从而降低和避免重大风险事件的发生，以达到确保飞行试验“一次成功”的目的。

确保飞行试验“一次成功”技术保障分析的实质是全员、全系统、全过程的风险管理。其具体办法是：假设导弹从起飞到完成全部工作的过程有 $a_0, a_1, a_2, \cdots, a_n$ 个状态变化节点，每个状态变化节点有 $S_1, S_2, \cdots, S_n$ 个分系统工作，每个分系统有 $E_1, E_2, \cdots, E_n$ 个单机工作，单机可能出现的故障为 $R_{ij}(i=1,2,\cdots,n; j=1,2,\cdots,n)$，逐级进行分析，形成一个复杂的鱼刺图，如图6－3所示。

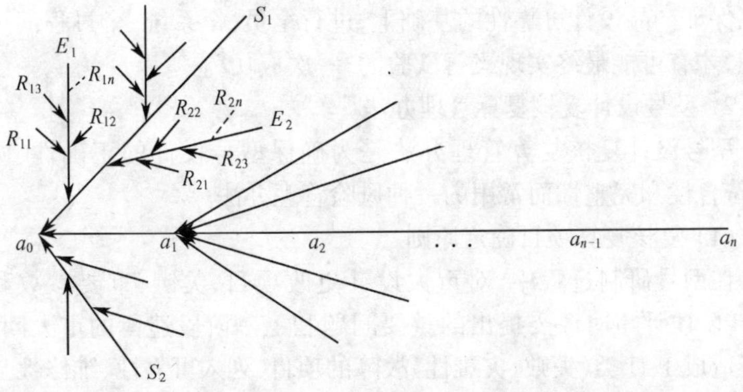

图6－3　确保飞行试验“一次成功”技术保障分析图

为表示方便，将图转化为表格进行分析，见表6-5。

表6-5　确保飞行试验“一次成功”技术保障分析表

状态变化节点	分系统	单机	可能故障分析	拟采取措施	负责人	完成时间
a_0	S_1	E_1	R_{11} R_{12} R_{13} … R_{1n}			
		E_2	R_{21} R_{22} R_{23} … R_{2n}			
		⋮	…			
		E_n	R_{n1} R_{n2} R_{n3} … R_{nn}			
	S_2	⋮				
	⋮					
⋮						

在实施过程中，还必须配合进行“测试、试验的真实性、覆盖性分析”等工作（真实性即天地一致性，是指地面测试、试验的产品，试验环境，试验条件与飞行试验的一致性；覆盖性是指地面测试、试验，对飞行试验的产品、产品属性及飞行试验全过程的覆盖性）。实践证明，只有在保证产品设计可靠性的基础上，进行全员、全系统、全过程的风险管理，才有可能最终实现飞行试验的“一次成功”。

2. 型号设计复核复算管理办法

型号设计复核复算管理办法是为确保型号设计的正确性、协调性、符合性和完整性而常用的一种风险管理办法。

(1) 复核复算项目确定原则

在型号研制过程中，对重大设计更改项目，关键、重要参数和环节，转阶段评审时评委提出的重要问题和上一阶段遗留的重大问题，可能造成I、II类（失败、灾难性）故障的项目，列入可靠性、维修性与安全性的关键项目，经可靠性、维修性与安全性分析所确定的薄弱环节，关键软件设计的正确性、可靠性，专家认为需特别关注的问题和环节等，应开展复核复算工作。其中关键参数必须100%进行复核复算，其他项目可结合型号研制实际情况或根据复核复算专家组的意见确定。

(2) 复核复算的主要内容

复核复算工作主要审查：产品设计是否符合研制任务书要求；产品设计是否符合导弹武器系统的设计准则、规范及有关标准；可靠性、维修性、安全性、保障性、电磁兼容性大纲和设计准则是否得到正确贯彻；产品设计是否正确、完整；试验设计是否合理、可行，已完成或计划安排的试验项目是否具有真实性、覆盖性；软件设计是否符合软件工程化要求和相关设计规范；总体与分系统、各分系统之间的机械、电气接口和软件接口设计是否协调、正确、可靠；同一故障出现两次以上，故障的机理是否相同，之间是否存在联系，归零工作是否彻底；相对上一研制阶段技术状态变化的重大更改项目。

3. 质量复查

在研制工作开展到一定阶段时，有组织有计划地开展质量复查工作，能够对研制技术状态管理、质量管理及其他一些工作进行系统回顾、清理和阶段性总结，有利于掌握全系统的技术状态和质量状况，并采取有针对性的措施，使下一阶段的研制工作顺利开展。

质量复查按范围可分为全系统质量复查、分系统质量复查和整机（组合）级产品的质量复查。按内容可分为全面质量复查和专题质量复查（如可靠性质量复查、元器件质量复查、特种工艺方法质量复查等）。按阶段可分为阶段性质量复查和根据需要进行的临时性质量复查。按复查的任务来源可分为本单位、本系统进行的自查，根据上级要求进行的复查和按用户要求进行的复查。质量复查工作通常是由研制单位组织进行的，有时也可由上级机关或用户对研制单位的质量管理体系和产品质量进行复查。质量复查的时机、形式、内容和范围要由型号两总根据具体情况确定。一般质量复查包括设计方案的正确性，设计输入输出的正确性，试验项目要求及选用设备的合理性、覆盖性，技术标准选用，工艺方案及实施情况，加工制作超差处理，原材料、元器件选用，设计接合部文件传递是否到位，各项试验故障归口处理情况，设计更改情况等。复查既要全面，又要有重点、有针对性。

4.“双想”活动

“双想”是指对过去的研制工作进行回想，和对后续工作进行预想。“双想”活动最初是用于靶场试验，成为确保飞行试验成功的一项非常有效的措施，后来在设计、生产活动特别是在质量复查中也经常使用。

为确保试验成功，在每次武器系统试验进场前、导弹转场前、导弹发射前等几个时段，以设计师系统为主，结合试验阶段的自身特点，通过复查、技术交流等多种形式，以参试装备、辅助设备的技术状态和质量状况，系统与分系统及各分系统之间的接口关系，质量问题归零是否彻底等为主要内容，认真开展质量“双想”活动。“双想”工作形成人人重视、人人参与、人人思考的主动局面。“双想”工作深入到每一名设计师和参试人员，“双想”内容涉及到每一个设备甚至到单板、元器件。提出的问题经汇总、整理后，由两总系统审查，提出处理措施，列入试验计划并有效落实，使所有的问题、疑点和隐患得到有效处理，真正做到不带问题进场、不带隐患上天。

5. 放行准则

放行准则包括通用放行准则和专用放行准则。通用放行准则是航天系统对产品验收、出厂(进场)、转场(技术阵地转发射阵地)、加注(适用于液体型号产品)、发射前等几个阶段提出的。专用放行准则是质量部门按通用放行准则的原则要求结合具体型号制定的，又分出厂放行准则、转场放行准则、推进剂(液体)加注放行准则和发射放行准则，专用放行准则应经院长、基地主任签发报上级主管部门审批后执行。经批准的放行准则规定，不符合放行准则要求的型号产品，不允许转入下一工作阶段。放行准则可供研制单位内部控制使用，同时也是上级机关对型号实施质量监督的重要依据之一。

6. 测试覆盖性分析

测试覆盖性分析主要从以下 4 个方面进行：

1) 出厂前测试项目对靶场测试项目的覆盖性；

2) 产品出厂前与靶场参试设备“握手见面”情况；

3) 地面测试、试验对飞行状态的覆盖性；

4) 总装厂及靶场地面测试无法覆盖项目的分析。

测试覆盖性分析按照系统进行，对导弹上的重要单机单独进行分析。对于各系统存在的共性问题，如电池和火工品等进行集中专项分析。

在总装厂，弹上正式产品和备份产品全部进行单元测试，然后将备份产品装弹进行分系统测试、小匹配和全部系统参加的垂直模飞、紧急断电、模拟发射总检查；备份产品测试通过后，将正式产品装弹，再次进行各系统的分系统测试、小匹配和垂直模飞、紧急断电、模拟发射、水平模飞、数次总检查。在总装厂经过以上项目测试后，检查各单机、系统的全部功能，系统之间的接口功能，保证出厂产品（包括备份产品）工作正常。

在技术阵地将导弹分解，重要单机再次进行单元测试，然后进行分系统测试、小匹配和数次总检查。总装厂的测试项目、测试状态覆盖技术阵地测试。

转到发射阵地后，除引控装置外，各分系统再次进行分系统测试，然后进行小匹配、垂直模飞总检查，保证射前导弹状态正常。

导弹系统的测试按照从单机测试到分系统测试，再到总检查的次序，以达到检查全系统的目的，使系统中存在的问题及早暴露解决。导弹在总装厂进行的测试是全面的，覆盖了靶场技术阵地测试项目和测试状态。通过匹配试验、车弹联调试验、武器系统靶场合练，也覆盖了发射阵地测试项目和使用状态。

导弹在发射阵地进行分系统测试和发射阵地垂直模飞总检查。通过各系统综合试验、匹配试验、车弹联调试验，可考核发射阵地的测试程序与项目，尤其是通过车弹联调试验，创造合练弹（技术状态与遥测弹状态基本相同）与多功能导弹发射车（用于飞行试验）的再次见面，对靶场各阵地工作程序、测试状态、测试细则等进行充分验证，暴露并解决弹车之间不协调的问题。通过靶场合练，发射阵地测试项目及武器系统与靶场设施的适应性得到了全面真实的考核。

6.4 软件的风险管理

随着计算机技术和信息技术的迅速发展，计算机及其软件在导弹武器系统中发挥着越来越重要的作用,已成为整个武器系统控制、指挥、检测等方面的关键。根据有关统计数据,20 世纪 80 年代,在美国武器装备研制中,软件对设计的影响大约是 1/2,此后软件的影响继续增大。目前软件不仅仅是武器系统的一个组成部分,而且已经自成系统,常常是通过它们把武器系统综合成一个整体。软件不仅影响系统的性能、研制周期和费用,而且是武器系统技术难度和风险较大的部分[5]。

在我国,计算机技术和信息技术的发展及其在武器装备中的应用都相对落后。有的武器系统软件开发和生产还处于“自己研制、自己编程、自己测试”的传统研制和管理模式。软件研制和管理还缺乏系统的规范和标准。软件开发和维护过程中的进度控制难,研制质量低。构成风险的因素很多,在项目实施的各个阶段都可能存在。

6.4.1 初始阶段风险

软件研制项目初始阶段的风险包括:对系统的认识不清楚;用户需求表达不清楚;用户参与少或与用户沟通少;对需求了解不够,或对需求有误解;需求分析不够或有误;规格说明表达不准确;项目可行性研究存在缺陷;进度和经费计划不现实,过低估计软件的复杂性,没有保证软件的开发环境和测试环境与目标的使用环境和使用平台一致[6]。

6.4.2 设计阶段风险

设计阶段的风险主要包括:对用户需要和软件需求规格说明理解不够;对编码有关技术和约束认识不足[7];研制人员缺乏经验,如缺乏有经验的系统分析员;没有变更控制计划,以至变更没有依据;所用技术不当;由于设计人员疏忽,某个功能没有考虑进去而存在漏项。

6.4.3 实施阶段风险

实施阶段的风险包括:开放环境不具备;设计错误;程序员开发能力差,或程序员对开发工具不熟;项目范围改变,如突然需要增加或修改一些功能,需要重新考虑设计;项目进度改变,如要求提前完成任务等;人员的变动,导致软件开发工作的不连续;开发团队内部沟通不够,导致程序员对系统设计的理解有偏差;没有有效的备用方案;没有合理的测试计划,缺乏测试经验;测试资源不够;测试管理欠缺;开发出错误的软件功能;软件与用户的接口错误等。

6.4.4 收尾阶段风险

收尾阶段的风险包括:研制周期延长,没有按时交货;软件产品质量差;用户不满意[8]。

以上只是列举了常见的风险事件,对不同的研制项目应该具体问题具体分析,识别出真正发生在该项目上的风险事件[9]。

6.4.5 软件风险管理的特点

软件风险管理首先要进行风险识别,然后进行风险分析,并对风险进行分级和排序。总的来讲,软件的风险管理类似于硬件的风险管理,硬件的风险管理办法和技术同样适用于软件的风险管理。但由于软件自身的特点,软件的风险管理在多方面不同于硬件的风险管理,主要反映在以下几方面。

1) 难以识别软件风险;

2) 难以估算开发新软件所需的时间和资源,因此容易导致经费和进度方面的风险;

3) 难以全面测试软件,因为追踪软件逻辑的途径有多种;

4) 难以开发全新的软件程序,因为信息技术发展十分迅速,很难聘到掌握最新技术的高水平软件人员。

6.4.6 软件风险管理的原则

美国著名的软件工程专家 B·W·勃姆(Barry W. Boehm)在综合专家的意见和 TRW 公司多年开发软件经验的基础上,于 1983 年提出了软件工程的 7 条基本原则。这 7 条原则相互独立,缺一不可,构成相当完备的最小集合。勃姆认为,这 7 条原则是确保软件产品质量和开发效率的最小集合。实际上,基于软件的特点,这 7 条原则也是软件风险管理应坚持的原则。这 7 条原则如下。

1．在软件生命周期内分阶段进行严格的计划管理

有关统计表明，50%以上的失败项目是由于计划不周而造成的。在软件开发与维护的漫长生命周期中，需要完成许多性质各异的工作。这条原理意味着，应该把软件生命周期分成若干阶段，并相应制定出切实可行的计划，然后严格按照计划对软件的开发和维护进行管理。勃姆认为，在整个软件生命周期中应制定并严格执行6类计划：项目概要计划、里程碑计划、项目控制计划、产品控制计划、验证计划和运行维护计划。

2．坚持进行阶段评审

统计结果显示：软件的大部分错误是设计错误，大约占63%；错误发现得越晚，改正错误付出的代价就越大，相差大约2～3个数量级。因此，减少软件技术风险的工作不能等到编码结束之后再进行，应坚持进行严格的阶段评审，以便尽早发现错误。

3．实行严格的产品控制

最令开发人员头痛的事情之一就是需求的变化。但是需求的变化往往是不可避免的。这就要求开发人员要采用科学的产品控制技术来顺应这种要求，也就是要采用变动控制，又叫基准配置管理。当需求变化时，其他各个阶段的文档或代码随之相应变动，以保证软件的一致性。

4．采纳现代程序设计技术

从20世纪六七十年代的结构化软件开发技术，到最近的面向对象技术，从第一、第二代语言，到第四代语言，人们已经充分认识到：方法比气力更有效。采用先进的技术既可以提高软件开发的效率，又可以减少软件维护的成本。

5．应能清楚地审查软件结果

软件是一种看不见、摸不着的逻辑产品。软件开发小组的工作进展情况可见性差，难于评价和管理。为更好地进行管理，应根据软件开发的总目标及完成期限，尽量明确地规定开发小组的责任和产品标准，从而使所得到的标准能清楚地审查。

6．开发小组的人员应少而精

开发人员的素质和数量是影响软件质量和开发效率的重要因素，

应该少而精。这一条基于两个原因:高素质开发人员的效率比低素质开发人员的效率要高几倍到几十倍,开发工作中犯的错误也要少得多;当开发小组为 N 人时,可能的通信信道为 $N(N-1)/2$,可见随着人数 N 的增大,通信沟通费用将急剧增大。

7. 承认不断改进软件工程实践的必要性

上述 6 条原则只是对现有经验的总结和归纳,并不能保证赶上技术不断发展前进的步伐。因此,应把承认不断改进软件工程实践的必要性作为软件工程的第 7 条原则。根据这条原则,不仅要积极采纳新的软件开发技术,还要注意不断总结经验,收集进度和费用等数据,进行出错类型和问题报告统计。这些数据既可以用来评估新的软件技术效果,也可以用来指明必须着重注意的问题和应该优先进行研究的工具和技术。

6.5 国家有关武器装备研制风险管理的政策

我国政府非常重视武器装备研制过程中的风险问题,1997 年颁发的国家军用标准《GJB 2993－1997 武器装备研制项目管理》详细地制定了风险管理的各项要求和准则,规定承担武器装备研制任务的使用方和承制方必须进行研制风险分析和控制,降低研制风险。

6.5.1 风险管理准则

为减少武器装备的研制风险,承担武器装备研制任务的使用方和承制方应遵循以下风险管理准则。

1) 严密分析研究,明确并冻结战术技术指标要求;

2) 严格控制系统技术状态的更改;

3) 尽量采用现有的、并为实践证明是有效的技术和成品;

4) 控制新上技术项目的比例,在武器装备项目的研制中,新研产品的比例一般不应超过 20%～30%;

5) 武器装备研制中采用的新技术、新成品、新材料和新工艺必须经过充分验证;

6) 在采用某些重大技术项目时,应考虑其后备方案;

7）进入工程研制阶段，不允许存在任何高风险项目；

8）合理安排研制进度，留有适当的时间余度，以防发生意外情况时对进度造成冲击；

9）保证用于武器装备研制的资源（包括人力、资金、物资、器材、设备等）是充分的和可供使用的；

10）只选择持有“武器装备研制许可证”的单位作为新成品的供应单位；

11）对影响武器系统使用安全的关键部件要实施多余度设计。

6.5.2 使用方职责

为控制研制风险，使用方应做到以下几点。

1）将风险管理要求作为武器装备研制管理任务的一项重要内容，并写入合同工作说明；

2）将风险作为评估承制方总体研制方案的准则之一；

3）根据武器装备研制项目的风险大小确定研制合同类型，并规定和承制方分担风险的程度；

4）监控武器装备研制中存在的高风险和中等风险科目以及承制方采取的降低风险的活动与措施；

5）将风险列为各次阶段技术评审必须审查的项目之一；

6）按研制合同的规定支付风险管理费用。

6.5.3 承制方职责

在武器装备研制的不同阶段，承制方应开展风险分析和管理工作。

在论证阶段，承制方应在方案选择中进行风险权衡，并对中选方案的技术风险进行评估。

在方案阶段，承制方应做到以下几点。

1）采用工作分解结构对系统的各个工作单元进行风险评估；

2）对确认出的风险进行定量估计，以确定高风险、中等风险和低风险项目；

3）制定并实施风险管理计划；

4）定期提交风险状态报告，中等以上风险项目的风险状态报告应提交总设计师和行政总指挥；

5）在方案阶段结束前，应对设计方案进行抉择，不准任何高风险项目进入工程研制阶段。

在工程研制阶段，承制方应做到以下几点。

1）对整个武器装备系统进行风险评估，以确定整个系统风险的大小；

2）继续执行风险管理计划，以降低研制风险；

3）严密监控各项验证试验。

在定型阶段，承制方应做到以下几点。

1）对生产过程中的更改和改进进行风险评估；

2）对试用过程进行监控和跟踪[10]。

《GJB 2993－1997 武器装备研制项目管理》颁发已有8年之久，武器装备研制单位自觉或不自觉地实践了风险管理活动，但风险管理的准则及其各项具体条款并没有完全得到贯彻执行，风险管理并没有真正纳入研制生产管理体系，风险管理现状并非令人满意。

6.6 风险管理的一般方法与技术

在风险管理中，人们可以采用多种方法和技术。常用的风险管理方法和技术有：专家调查法、情景分析法、类推比较和历史经验研究法、财务报表法、决策分析法、核对表法、项目工作分解结构、文件审核法、假设分析法、敏感性分析法、蒙特卡罗模拟法、趋势分析法等。在导弹、运载火箭和卫星研制的技术风险管理实践中，故障树分析，故障模式、影响及危害性分析，故障报告、分析和纠正措施系统（3F，FTA、FMECA、FRACAS）得到了广泛的应用，并收到了很好的效果。网络计划技术更是研制进度计划和分析必不可少的工具。寿命周期费用分析方法是国家军用标准提出必须使用的方法。虽然目前在导弹武器系统研制中没有普及运用，但是其强制实行已为时不远。鉴于以上情况，下面仅介绍“3F”技术风险管理方法、网络计划技术风险管理方法和寿命周期费用分析风险管理方法。

6.6.1 “3F”技术

故障树分析(FTA),故障模式、影响及危害性分析(FMECA),故障报告分析和纠正措施系统(FRACAS)简称“3F”技术,可用于航天系统工程研制项目可能发生的故障和风险因素分析。这些方法能够清理出影响研制项目可靠性、安全性的各种因素和关键项目,针对这些因素和项目制定出在设计、工艺、生产等各个方面规避风险的具体措施和实施计划。“3F”技术在导弹武器装备研制中得到了广泛的应用,并且已经规定在航天型号工程研制中必须采用。

1. 故障树分析(FTA)

FTA是将系统故障的各种原因(包括硬件、软件、环境、人为因素等),由总体至部分,按树枝状结构,自上而下逐层细化的分析方法。

FTA是一种被国内外公认的对复杂系统进行安全性、可靠性分析的好方法,在航天领域得到了广泛的应用。它是在系统设计过程中,通过对可能造成系统故障的各种因素(包括硬件、软件、环境、人为因素等)进行分析,画出逻辑框图——故障树,以确定系统故障原因的各种可能结合方式及其发生的概率,并采取相应的纠正措施,从而提高系统可靠性的一种设计分析方法。

(1) FTA的主要用途

1) FTA是一种图形演绎方法,是故障事件在一定条件下的逻辑推理方法,它可以对系统的各种故障状态作层层深入的分析,在清晰的故障树图形下,表达出系统的内在联系,并指出元、部件故障与系统故障之间的关系,找出系统的潜在故障,为改进设计提供依据,从而提高系统的可靠性。

2) 通过FTA可以定量地计算复杂系统的故障概率及其他可靠性参数。

下文要讲到的FMEA及FMECA本质上是一种单因素分析法,它是针对单个故障进行分析的,而FTA与FMEA、FMECA相结合,能够较完善地进行系统的故障分析。FMEA是FTA必不可少的基础,只有认真完成了FMEA,将所有基本的故障模式都分析清楚之后,再进行FTA,才不会出现重大遗漏。

FTA遵循从结果找原因的原则,分析项目风险与其产生原因之间的因果关系,即在前期预测和识别各种潜在风险因素的基础上,运用逻辑推理的方法,沿着风险产生的路径,求出风险发生的概率,并提出控制风险因素的各种方案。

(2) FTA的基本步骤

FTA的基本步骤如下。

1) 构建故障树,如图6-4所示;

2) 建立故障树的数学模型;

3) 故障树定性分析;

4) 故障树定量分析[11]。

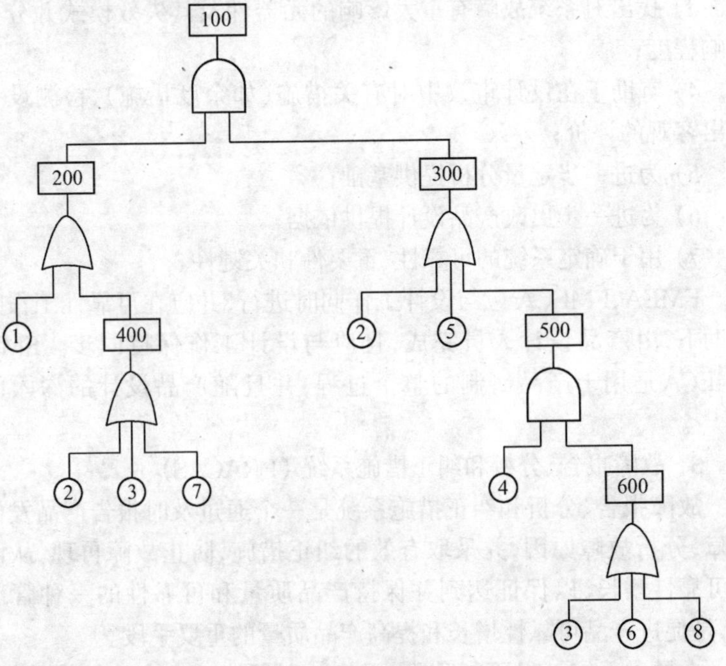

图6-4 故障树示意图

2. 故障模式、影响及危害性分析(FMECA)

故障模式及影响分析(FMEA),是在产品设计过程中,通过对产品各组成单元潜在故障模式及其对产品功能的影响进行分析,并把每一个潜在故障模式按它的严酷程度予以分类，提出应采取的改进措施，以提高产品可靠性的一种设计分析方法。而故障模式、影响及危害性分析（FMECA）是在 FMEA 的基础上再加一项任务，即判断这种故障模式影响的程度有多大，使分析量化。因此，FMECA 可以看成是 FMEA 的一种扩展与深化。

FMEA 的主要用途如下。

1）帮助设计者和决策者从各种方案中选择满足可靠性要求的最佳方案；

2）保证所有元器件的各种失效模式及其对产品功能的影响都经过周密的考虑和分析；

3）找出对系统故障有重大影响的元器件及其失效模式并分析其影响程度；

4）有助于在设计审议中对有关措施（如余度措施）、检测设备等作出客观的评价；

5）为进一步定量分析提供基础；

6）为进一步更改产品设计提供依据；

7）用于确定系统的可靠性、重要件和关键件。

FMEA、FMECA 应与设计工作同时进行，并应在可靠性工程师的协助下，由产品设计人员完成，且应与设计工作保持同步。FMEA、FMECA 适用于产品研制的整个过程，并且随产品设计的深入而细化[12]。

3．故障报告、分析和纠正措施系统（FRACAS）

故障报告、分析和纠正措施系统是一个通过及时报告产品发生的故障，分析故障原因，并采取有效的纠正措施，防止故障再现，从而实现可靠性增长，以保证达到并保持产品质量和可靠性的一种管理系统，是促进产品可靠性增长和提高产品质量的重要手段。

在导弹系统工程研制阶段，要建立和保持一个有效的故障报告、分析和纠正措施系统，以保证导弹系统可靠性的有效增长和稳定保持；保证验证过程中各级产品所发生的所有故障均得到准确、及时的报告；保证所有故障均经过深入的分析，故障原因和机理清楚；保证消除故障原因的纠正措施得到及时的实施，并且这些措施的有效性得到充分的验证;保证所有故障的分析和纠正措施的过程和结果均形成文件,并得到收集和保存。

在导弹武器系统研制过程中,型号产品(包括系统、分系统、设备与部件及其相应的软件)在地面试验、测试及飞行试验中发生的所有故障的分析和处理均需应用严格实施闭环管理的故障报告、分析和纠正措施系统。其中的"试验、测试"包括电性能测试、鉴定与验收试验、电磁兼容性试验、可靠性增长试验、寿命试验、系统与分系统半实物和全实物仿真试验、发射场合练、环境应力筛选、软件测试和飞行试验等。

典型的故障报告、分析和纠正措施系统一般应遵循的工作程序是:一、发现并记录产品在试验、测试中的异常情况;二、进行现场调查分析,排除可能的外部原因,对故障作初步确认,并将故障所在的可能部位缩小到最低可更换的实物等级(即故障隔离);三、编写故障报告表;四、进行故障分析,编写故障分析报告,提出和评定消除故障原因的纠正措施建议;五、开展故障纠正措施方案论证;六、实施批准的故障纠正措施,并验证和评价其有效性;七、完成故障纠正措施报告的编写,故障问题结案(故障归零)。经验证,纠正措施无效的故障问题应重新进行故障分析,直至故障问题的彻底解决。

所有故障分析均应形成文件,编写故障处理报告。典型故障要按故障处理过程完成三份报告:故障报告、故障分析报告、故障纠正措施报告。型号应建立故障审查委员会(或小组)。其主要任务是:一、型号系统重要故障的分析、故障纠正措施的建议和实施结果的审查;二、故障趋势分析,监督故障分析与纠正措施的实施过程,保证故障问题的及时处理;三、型号所有故障问题的结案审批;四、审查故障报告系统文档的及时性和完整性。型号故障审查委员会通常应由型号负责人主持,成员应包括故障分析和处理人员。分系统承制单位也要根据型号总的要求,建立相应的分系统故障审查小组,对分系统产品的故障分析及纠正措施的论证和实施情况进行审查。

6.6.2 网络计划技术

网络计划技术是系统管理的重要工具之一,是系统工程常用的管理技术。它是利用网络图对计划任务的进度、费用及其组成部分之间的相互关系进行计划、检查和控制，以使系统协调运转的科学方法。目前广泛使用的网络计划技术有以下几种。

1. 甘特图法

该方法是科学管理的奠基人泰勒的学生、美国福兰克兵工厂顾问甘特于 20 世纪 40 年代开发的一种计划与管理技术。它以时间为横坐标，以工序为纵坐标，以线条的长短表示一项工作或作业的开始和完成时刻以及工作的进展情况。由于它以条形图进行系统计划与管理，故又称横道图、条形图，见图 6－5。

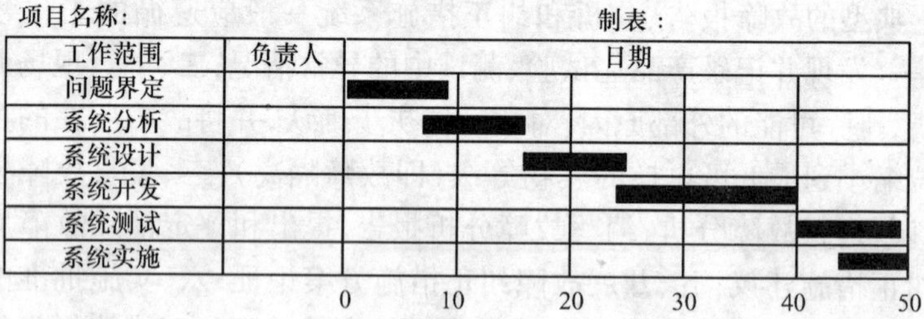

图 6－5　甘特图示意图[13]

甘特图的最大优点是简单明了、容易绘制、使用方便。

其缺点如下。

1）不能反映各项工作之间错综复杂的联系、制约和分工协作关系。

2）不能反映系统中哪些工作是主要的、关键性的生产联系和工序，反映不出全局的关键所在，不利于最合理地管理整个系统，可能造成在不重要的工作上投入过多的资源，却忽视了影响大局的关键性工作，虽然忙得团团转，却徒劳无功，致使系统目标难以实现。

甘特图法的这些缺点，造成其使用上的局限性。同时，随着科学和技术的发展，系统的规模越来越大，应用甘特图法已无法满足需要，这就需要探讨一种新的计划管理方法。

20 世纪 50 年代以来，各国科学家都在进行这方面的探索。由于决策关键路径法和计划评审技术的出现以及计算机技术的广泛应用，使得系统的计划与管理进入了一个新的阶段。

甘特图法虽然有缺点，但目前仍有很大的实用价值，它与决策关键路径法等配合使用会收到更好的效果。

2. 计划评审技术 (PERT)

计划评审技术又叫 PERT，PERT 是英文 Program Evaluation and Review Technique 的缩写，也译作计划协调技术。

PERT 是由美国海军特种计划局和洛克希德公司、汉米尔顿公司于 1958 年 1 月联合开发的一种新的计划管理方法。它的首次应用使美国“北极星”导弹潜艇工程的工期由原计划的 10 年缩短为 8 年。由于它的成功，自 1962 年起美国政府规定一切新开发的工程项目必须采用这种方法。我国的大型航天工程也都应用了这种方法，收到了良好的效果。

PERT 有助于工程管理人员回答如下一些问题。

1) 工程将在什么时候完成?

2) 已排定的工程单项任务何时开始和结束?

3) 为了防止延误，成千上万个工程项目的组成部分中，哪些必须按时完成?

4) 有可能把资源从这项工程中可以适当延缓的非关键部分转移到必须按时完成的关键部分，而又不影响整个工程的全部完成时间吗?

5) 在这项工程的千万个组成部分中，管理部门应该把力量集中在哪些方面?

3. 决策关键线路法 (DCPM)

完成任何任务都可以采用不同的工艺方案，而不同的工艺方案都对应不同的工期和费用。因此，综观全局，在各种不同的工艺方案和费用组合中寻找最小费用工期，则是决策面临的一项重要任务。

决策关键线路法(Decision Critical Path Method—DCPM)的特点在于在同一张网络图(见图 6-6)上表示完成同一任务的各种不同工艺过程或方案，通过特定的计算方法，可得出完成该项任务所对应的最小费用方案及其关键路径，为管理者决策提供方便。

DCPM 把一项任务分解成若干工作时，注意了下述问题。

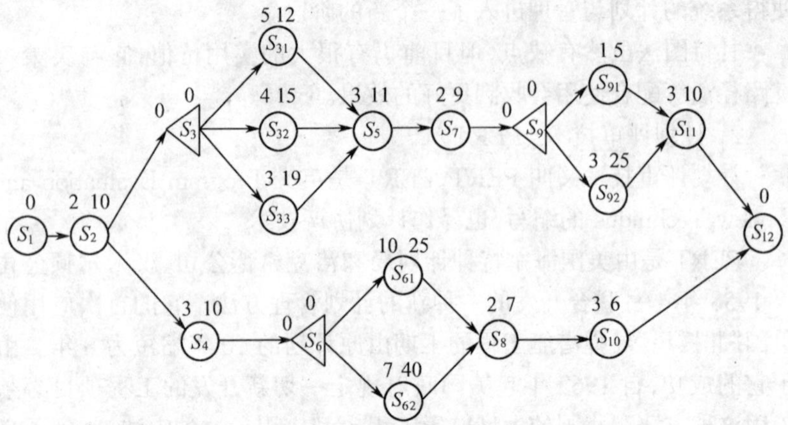

图 6-6 DCPM 网络示意图

1) DCPM 在工序分解和分析时,要考虑实现每一工作的各种不同工艺方案和各工作在不同工艺下的相互关系。

2) 除考虑各种不同工艺方案中各工作的时间参数外,尚需研究各工作所对应的费用。

3) 只能采用单代号网络图,且节点分为“和”型节点(以○表示)和“或”型节点(以△表示)。

4) DCPM 网络规定,体现决策过程的“或”型节点以 $S_i = \{S_{i1}, S_{i2}, \cdots, S_{in}\}$ 表示,其中 $S_{ij}(j=1,2,\cdots,n)$ 为决策工作,j 以工期由长到短、费用由低到高的顺序排列。

5) 在“和”型节点上方的左侧标该工作的工期,右侧标该工作的费用,在“或”型节点的上方左、右两侧面均标记“0”,决策工作的时间和费用参数按“和”型工作标注[14]。

4. 图解评审技术 (GERT)

上述各种方法中各工序均属确定型工序,但实际工作中存在随机工序,如检验工序后的返修工序,这类工序应用上述各种方法很难解决,GERT 是解决这类问题的一种方法。

GERT 是英文 Graphical Evaluation and Review Technique 的缩写,意思是图解评价和调整技术,因此称为图解评审技术或图解协调技术。

GERT是1966年在执行阿波罗登月计划时开发的一种新技术。它是综合网络理论、概率论和自动控制技术中的信号流图法而成的一种广义网络计划法。它不仅适用于工作执行时间是确定型的DCPM网络,也适用于工作执行时间是随机型的PERT网络,除此之外,它还适用于执行的工作是随机型的情况,因此被称为广义网络计划法。

GERT的特点是在网络图中同时考虑工序和工作执行时间的随机性,因此它可用于各种系统。一是将DCPM、PERT网络作为特例,二是可用于系统的模拟,因此该方法有广阔的应用前景[14]。

5. 风险评审技术 (VERT)

风险评审技术(Venture Evaluation Review Technique)是20世纪70年代发展起来的一种网络技术,是一种管理系统随机网络分析与计算机仿真技术相结合的风险决策定量分析技术。它可以在信息不全、不肯定的情况下对大型项目计划有关的时间(T)、性能(P)和费用(C)以及各种可能发生的风险进行定量分析、全面评价、计划管理和监督控制。

VERT在本质上属于随机网络仿真技术,按照工程项目和研制项目的实施过程,建立对应的随机网络模型。根据每项活动或任务的性质,在网络节点上设置多种输入和输出逻辑功能,使网络模型能够充分反映实际过程的逻辑关系和随机约束。同时,VERT还在每项活动上提供多种赋值功能,建模人员可对每项活动赋给时间、费用和性能指标,并且能够同时对这三项指标进行仿真运行。因此,VERT仿真可以给出在不同性能指标下,相应时间和费用的概率分布、项目在技术上获得成功或失败的概率等。VERT将时间、费用、性能联系起来进行综合性仿真,为多目标决策提供了强有力的工具。

6.6.3 寿命周期费用分析

寿命周期费用分析是以追求寿命周期费用最小为目标,对产品寿命周期各阶段必须实施的寿命周期费用技术活动进行的计划、组织、监督、协调以及对寿命周期费用进行控制的活动。寿命周期费用分析可用于识别产品的高费用项,以便有针对性地进行控制,降低费用风险[15]。

寿命周期(Life Cycle)是武器装备从开始论证到退役为止全过程所经历的时间。寿命周期费用(Life Cycle Cost,缩写为LCC),又称全寿命费用,它是在装备寿命周期内,为装备的论证、方案、工程研制、定型、生产、使用与保障(含贮存)及退役等所付出的一切费用之和。

寿命周期费用分析是对寿命周期费用各组成部分的识别、量化和评价,以建立费用相互关系和确定各部分对总费用的影响,从而为装备的费用设计和经济性决策提供依据,使装备在达到规定的性能指标的情况下,有最低的寿命周期费用。

20世纪90年代初,由总参四部主办、空军雷达学院主编的《军用雷达寿命周期费用估算手册》和《电子对抗装备寿命周期费用估算》两项国家军用标准,是我国最早开始编制寿命周期费用的标准。随后,由总参兵种部提出,装甲兵工程学院主编的《武器装备寿命周期费用估算》GJB/Z20517-1998)于1998年12月颁布实施。

1. 寿命周期费用估算的一般程序

1) 拟定估算目标;

2) 明确假定和约束条件;

3) 建立费用分解结构;

4) 选择费用估算方法;

5) 收集和筛选数据;

6) 选择或建立费用估算关系并计算;

7) 不确定性因素和灵敏度分析。

2. 寿命周期费用估算方法

在寿命周期费用分析计算中,比较通用的分析方法有参数费用估算法、类推费用法、工程估计法、专家调查法、单位商品目录法、风险分析法、时间费用分析法等。每种方法对每一寿命周期阶段都有不同的可用度,可以单独或交叉使用,随着设备的成熟和系统的进展,这些方法可以相互补充,但产品完善的程度决定着方法的适用性。通常在产品早期阶段,参数费用估算法和类推费用法是最有用的,它可以用来对未来费用进行大致估计。随着设计的稳定,有更多信息可以利用,参数费用估算法将会成为比较适用的方法。这里简要介绍常用的参数费用估算法、类推费用法和工程估计法。

(1) 参数费用估算法

参数费用估算法(Parametric Cost Estimating)通常应用于系统开发的初期阶段。运用过去的资料制定物理的、性能的、费用的适当参数和各个子系统费用之间的关系式。运用这种关系式求出新的子系统的费用,然后综合起来估算出全系统的费用。用到的参数有时间、质量、性能、费用等。

参数费用方法是在建立费用模型时采用最为广泛的方法。它以表征武器装备系统特性的参数组成费用估算方程或方程组。

统计与经验表明,费用可以较为准确地与诸如质量、尺寸、性能、产量、软件和程序的行数等特征量或属性相关联。如果论证人员在武器装备论证工作中,有意识地积累一些费用数据,并建立起同类武器装备系统的费用数据库,就有可能建立起费用和武器装备系统特征量之间的数学关系。一旦这种类型的费用数据关系建立起来后,论证人员只需输入少量的描述新型武器装备型号系统的特征量,即可估算出该新型武器装备型号系统在研究、发展、生产阶段的硬件、软件和管理等项费用。再根据其型号系统的可靠性、维修性参数和人员的技术水平,备件的贮备策略等情况,便可估算出使用、保障费用,从而得到整个型号系统的寿命周期费用估算值。此外,建立这种费用参数关系式的另一优点是,可以迅速地估计出武器装备系统性能或其中某些特征量的变化对费用的影响。

由此可知,建立费用参数关系式的首要任务,是要确定费用与武器装备系统的哪些特征量有关。一个可选的途径是利用灰色系统理论中的关联度分析技术,以确定出费用模型中的特征量。

(2) 类推费用法

类推费用法又称类比费用法 (Analog Cost Method)。这种方法通常运用在新型武器装备系统开发研究的初期阶段,且往往是当参数费用估算法和工程估价法不能采用时才用此法。这一方法是参照过去已有的相似系统或相似系统的某些“部分”,作类比后得出估算值。因此,通过这种方法得出的费用,是建立在与过去类似型号研制项目的规模、技术和经验进行类比的基础上的。例如,如果新项目的功能、结构和性能与某个现有项目相类似,则可利用类似项目的现有费用数据,并考虑到新项目在配置上的差异予以相应的修正,从而得出新项目所需的费用。

为了更好地进行这种类比,论证人员应当具备相当的经验和专门的知识。而且,由于在时间上存在过去和将来的差别,还必须考虑通货膨胀的影响,以及现实的具体情况。

类推费用法有两种,一种是将正在研制的型号系统直接与具有同样特征的类似系统进行比较,并估算其费用。例如,用已知武器装备的费用来估算类似武器装备的费用。另一种是将正在研制的型号系统与具有相同费用特征的不同系统进行比较,并估算其费用。例如,用已知的战斗机的某些费用项目,来估算飞航式导弹的费用。

使用类推费用法进行费用估算,主要是利用历史数据,然后根据技术进步的影响和价格因子进行修正。

(3) 工程估计法

这种方法多运用在研制设计阶段,将系统分解为各个子系统和组成部分,按性能等参数逐个分别进行费用估算,然后将结果累计起来,便可求出总的费用估算额。

工程估计法的特点是"自下而上"地估算费用。该法从检查和确定武器装备系统最底层的工作单元开始,利用工作分解结构(WBS)自下而上地逐项计算费用。WBS 是一个以武器装备系统为中心的层次体系,由硬件、软件、服务和资料组成。通过 WBS,可以基本上确定研制一项武器装备系统的各个具体项目。将 WBS 中每个工作单元的费用(包括硬件、软件、试验、管理等费用)累加起来,便得到该武器装备系统的总费用。在计算工程费用时,可根据技术管理部门拟定的初步设备清单,参照试验计划和生产计划,即可定出在设计、发展与生产阶段所需的硬件项目的费用。根据软件模块的规模可以估算出编程行数,随之便可定出用于发展和试验的软件的费用。使用保障费用则由从事后勤工作的人员及有关的专业人员确定。根据可靠度的估算值,可以定出所需备件数。维修人员确定对保障设备、培训及资料方面的需求。在预定使用期内,所需的储备物资及器材也要确定。上述各项的总和即为研制和使用整个系统所需的费用。

在进行工程费用估算时,应当采用统一的标准。一般可用标准的成本因子来估算成本。为此,可以将某一年度国家有关行业规定的各项费用成本核算标准,以及有关价格指数等,作为确定费用模型中相应成本因子的参考依据,还应当考虑作适当的修正或折算[16]。

6.7 风险管理的未来地位

在中国导弹武器系统研制的管理中,早先推行"两条指挥线"(总设计师、总指挥系统)负责制。1997年后改为"航天型号研制实行型号总指挥负责制"。这两种航天型号管理机制是以质量管理为基础,在中国航天事业的发展中发挥了重要作用。

中国航天工业总公司时期,在推行型号总指挥负责制的基础上,进行配套改革,加速了型号项目经理负责制的试点。项目管理的基础是风险管理,或者说,项目管理就是风险管理。有条件的型号(卫星、火箭、导弹等)实行项目管理,试行项目经理负责制,在中国航天型号管理上已被认识,并正在积极地推行之中。

从发展趋势看,在不远的将来,导弹武器系统研制管理将从以质量管理为主线的管理模式,向以风险管理为主线的项目管理模式演变。因为从导弹武器系统研制的管理实践看,不论系统工程管理,还是项目管理,归根结底,都是风险管理。风险管理将在武器装备研制管理中占据主导地位。

参 考 文 献

[1] Defense Acquisition University. Systems Engineering Fundamentals[R]. 2001:133.

[2] 吕建伟,陈霖,等.武器装备研制的风险分析与风险管理[M]. 北京:国防工业出版社,2005:14.

[3] 辜希,等.美国武器装备采办要览[M]. 北京:航空工业出版社,2004:226.

[4] 符志民.航天项目风险管理[M].北京:机械工业出版社,2005:10.

[5] 王汉功,等.装备全寿命管理[M].北京:国防工业出版社,2003:158.

[6] Department of Defense, Defense Acquisition University. Risk Management Guide for DoD Acquisition. 5th ed. Version 2.0.2003:54-68, 89.

[7] 陈学楚,等.装备系统工程[M]. 第2版. 北京:国防工业出版社,2005:268.
[8] 薛四新,等.软件项目管理[M]. 北京:机械工业出版社,2006:400.
[9] 孟祥睿.软件项目风险管理研究. 经济论坛,2005:99.
[10] GJB 2993-1997 武器装备研制项目管理.
[11] GJB/Z 768A-98 故障树分析指南:16.
[12] QJ 3050 航天产品故障模式、影响及危害性分析指南:2.
[13] 沈建明.国防高科技项目管理概论[M]. 北京:机械工业出版社,2004:111,126.
[14] 董肇君.系统工程与运筹学[M].北京:国防工业出版社,2003:126,350-354.
[15] 王汉功,甘茂治,等.装备全系统全寿命管理[M]. 北京:国防工业出版社,2003:60,158.
[16] 李明,刘澎,等.武器装备发展系统论证方法与应用[M].北京:国防工业出版社,2000:412,421,423.
[17] ISO 17666 Space Systems-Risk Management. 2003-04-1:2.
[18] Department of Defense, Defense Acquisition University. Risk Management Guide for DoD Acquisition. 6th ed. Version 1.0,2006:1.
[19] 张钧,等.当代中国的航天事业[M]. 北京:中国社会科学出版社,1986:111,130.
[20] GJB 841-90 故障报告、分析和纠正措施系统:1,2,4.
[21] Zambrana M, Singer D. Software Acquisition Handbook: 41.
[22] 钟珞.软件工程[M]. 北京:清华大学出版社,2005:6-7.

第 7 章　航天系统工程文化管理

航天科技发展水平是一个国家综合国力的体现，是国防实力的体现，也是一个民族自立于世界民族之林的象征。始于 1956 年的航天事业，经历了创业、配套发展、改革振兴和走向世界等几个重要时期，迄今已达到了相当的规模和水平，具备了完整配套的研究、设计、生产和试验体系，形成了导弹、火箭、卫星、飞船、探测器 5 大领域全面发展的格局。我国不但能够研制和发射各种战术战略导弹和各类卫星，还圆满发射了神舟载人飞船，实现了中华民族千年飞天的梦想。

伟大的事业孕育伟大的文化，伟大的文化推动伟大的事业。我国航天事业为什么能在基础十分薄弱、困难重重的条件下突飞猛进地发展？为什么会在这样短的时间内取得如此巨大的成就？主要是因为有着以航天精神为核心的航天文化的存在。我国航天文化是我国航天人在航天系统工程实践中结合形势、任务的变化不断探索的重大成果，它伴随着新中国航天事业的诞生而诞生，伴随着新中国航天事业的发展而发展。它是中华民族优秀文化传统与新中国航天事业相结合的产物，对中国航天事业的发展起到了巨大的推动作用。它培养和造就了一代又一代忠诚于祖国航天事业并富于献身精神的航天人，形成了一套适应航天事业发展的组织体系、管理制度和运行机制，推出了一代又一代高水平的航天产品。它不仅为富国强军作出了卓越贡献，而且为中华民族的文明发展增添了光彩。

7.1　文化与航天文化内涵

7.1.1　文化内涵

关于文化的定义，始终是国内外学者广泛关注并颇有争议的论题。英国学者威廉斯曾说过，“文化”一词是英语语言中最复杂的两、三个词之一。其实人们对“文化”一词的理解通常有广义和狭义之分，一般大众所理解的狭义文化是指日常生活中看得见的语言、文学、艺术等活动，而作为文化研究领域里所指的文化则是广泛意义上的大文化，国内外的学者都曾先后从各自学科的角度出发给出了多种界定与解释。本书认为，文化是人类在特定环境下，因生存和发展的需要，在适应和改造环境的过程中，逐渐形成共同价值观的群体行为模式和物质财富、精神财富等一切人化物。广义的文化是指人类在社会历史实践中所创造的物质财富与精神财富的总和。狭义的文化指社会的意识形态，以及与之相适应的组织结构和制度。在市场经济条件下，也指单位或组织为用户提供优良产品和服务中具有的群体竞争意识。

7.1.2 航天文化的含义

什么是航天文化呢？按照对文化概念的一般理解，对“航天文化”这个概念也应从广义和狭义两个方面认识。广义而言，航天文化是指航天人在从事航天事业的实践中所创造的全部物质财富与精神财富的总和。狭义而言，是指航天人在从事航天事业的实践中所形成的具有航天特色的精神、意识、观念等意识形态和行为模式，以及与之相适应的组织体系和制度[1]。本书以广义概念为基础研究航天文化，并认为航天文化既是航天人创造的巨大财富，又是航天人潜移默化、自觉形成的精神和职业道德行为约束的一种无形规则，是航天事业从创建到现在几代人传承形成的精神，其实质是体现航天人的国家大局意识、事业追求和工作当中的协调关系，是航天事业形成的思想基础和精神保证。

7.1.3 航天文化的主要内容

1. 航天物质文化

航天物质文化是指由航天人创造的产品和各种物质设施等构成的器物文化，例如各种导弹武器、载人航天飞行器等。它是一种以物质为形态的表层文化，是航天行为文化与航天精神文化的显现和外化结晶。航天物质文化是人们感受航天文化存在的最具体的表面形式，同时它又受行为文化与精神文化的制约。

航天物质文化又是以物质形态表现出来的航天精神。物质形态指的是航天企事业单位以物质为载体的一切东西,例如工厂的厂房、办公的环境、员工的服饰等。航天物质文化概念中,物质形态不是简单的物质,而是作为企业精神载体的物质。“航天物质形态”是一种客观形态,是一种客观存在的事实,是科学认识的对象;“航天精神”是一种主观形态,是一种文化价值判断,是价值认知的对象。航天物质文化是“航天物质形态”和“航天精神”的有机组合,是特定的精神在特定的物质中的体现,也是事实与价值的有机组合,是特定的价值在特定的事实中的体现。航天物质文化的具体内容包含航天企事业单位的名称、标识、标准字、标准色、吉祥物、环境、航天产品及工作用品等。

航天物质文化,是航天人从事航天实践活动的物质基础和活动成果,是航天人劳动和智慧的结晶。每一代航天人都在一定的物质条件下从事航天实践活动,也就是说他们总是在自觉或不自觉的继承着前人创造的物质文化,同时每一代人又都在不断地改变着原有的物质文化,创造着新的物质文化,从而使我国的航天事业不断发展进步。

2. 航天行为文化

航天行为文化是指具有航天特色的组织体系、管理制度、道德规范、行为准则和习惯,例如航天系统企事业单位的构成体系以及一些相关的规章制度等。它是航天人在长期从事航天实践活动中所形成的一种行为模式,它规范着航天人的行为,使整个航天队伍围绕着一个目标,朝着一个方向前进。它是航天事业实践经验和教训的总结,是航天人不断取得胜利的重要保证。行为文化是介于物质文化与精神文化之间的一个中介层,是人们在科研生产经营活动和人际关系(包括个人与个人、个人与组织、组织与组织)中形成的一种活动文化。航天行为文化包括航天事业的组织体系、组织目标、管理制度以及非制度形态的工作作风、工作习惯等。这些制约和影响人们行为的文化,一方面不断地向人的意识内化,促使精神文化的生成;另一方面又不断地通过人的物质生产活动外化,促使物质文化的生成,即创造出符合既定目标的物质产品。航天行为文化不仅在航天文化中具有十分重要的地位,而且在航天事业的发展中发挥了十分显著的作用。

3. 航天精神文化

航天精神文化是指航天人在从事航天事业的实践中所形成的群体意识,包括航天产品研制、生产的全部理念,以及航天事业发展中涌现出来的典范榜样、英雄模范、故事传奇、历史传统等。航天精神文化反映了航天人的共同追求和共同认识,是航天事业之魂,是推动航天事业发展的强大精神动力。新中国航天事业发展的风雨历程和独特环境,航天系统各级党组织和领导干部的不懈努力,为航天精神文化的形成与发展创造了条件,打下了基础。航天战线广大职工在继承和发扬我党我军优良传统的同时,面对重重险阻,种种挑战,以大无畏的革命气概和"一不怕苦、二不怕死"的献身精神,开拓进取,拼搏向前,在实践中不断创造和发展着航天精神文化,铸就了"自力更生、艰苦奋斗、大力协同、无私奉献、严谨务实、勇于攀登"的航天传统精神和"热爱祖国、无私奉献、自力更生、艰苦奋斗、大力协同、勇于登攀"的"两弹一星"精神,以及"特别能吃苦、特别能战斗、特别能攻关、特别能奉献"的载人航天精神。

7.1.4 航天文化的特征

1. 政治性

航天产品是综合国力和国防实力的重要体现。它在反对侵略、保卫国家安全等方面具有强大的震慑力量,对于争取一个良好的国际和平环境和周边环境具有十分重要的意义。航天产品的特殊使用价值决定了航天文化鲜明的政治性。当今世界,和平与发展已经成为时代的主流。但是,国际竞争日趋激烈,局部战争依然存在,我国周边环境不容乐观,因此,努力赶上世界先进水平,尽快拿出高水平、高质量的航天产品为国争光,为中华民族争光,成为航天文化的主旋律。航天人在发展航天事业的过程中,时刻把国家利益放在第一位,把富国强军、增强国防实力当作自己的政治任务和神圣使命。

2. 辐射性

航天文化是一个行业性文化,作为行业性的文化比其他单体组织文化更具有辐射力,单体组织文化旨在组织内部的影响力,以激发组织员工的积极性。行业性文化则不仅注意文化的内部效应,更注意行业文化对外的影响力,即行业文化对于用户、社区、政府、新闻媒介和关联企业的影响，而航天文化已经辐射到我们整个民族，成为我们民族精神的一部分，并被广泛传承和发扬，对各行各业都产生了深刻的影响。

3．统一性

航天工程是一项复杂的系统工程，每一个型号的系统性、复杂性和严密性都是其他产品难以相比的。航天产品的这一特点培育和决定了航天文化的统一性。50 年来，航天人在研制航天产品过程中深深懂得：航天产品是集众多高新技术于一体的复杂产品，不论是战略、战术武器，还是火箭、卫星与载人航天器，其组成的零部件都数以万计。因此，保证每个零部件的质量对全局都至关重要，一根导线、一个焊点、一个元器件的故障，都可能使数亿元的投资、几十万人的汗水付诸东流。因此，没有全局观念，没有大力协同的精神，没有集中统一的指挥，没有严密的组织、严格的制度和严肃的纪律，要想完成型号研制任务是根本不可能的。

4．继承性

中华民族在五千年的文明史中，形成和发展了光辉灿烂的民族文化。航天文化继承和发扬了我国传统文化的精华，借鉴吸收了国外社会文化有益的营养，可以说，航天文化是中华民族优秀文化在新时代、在航天领域的继承和发展。在中华民族的优秀文化传统中，爱国主义始终闪耀着瑰丽的光彩，从替父从军的花木兰到民族英雄岳飞，都为国人历代传颂，中国近代史上的无数爱国志士和革命先烈，更为我们中华民族的爱国主义传统文化书写了光辉的篇章。他们那种“男儿七尺躯，甘为祖国捐”的大无畏革命精神，永远激励着每一个中华民族的优秀子孙为中华民族的崛起和强盛进行着前仆后继的斗争。当代中国的航天文化，正是继承了这种爱国主义的优良传统并在新的历史条件下不断地发扬光大。

5．实践性

航天事业把航天人紧紧凝聚在一起，激励着人们朝着一个目标、一个方向，开拓进取，不懈攀登。在从事航天产品研制、生产、试验活动的实践中，创造了具有航天特色的行为文化和精神文化。航天事业发展的历史也是航天文化形成和发展的历史。航天文化是在我国航天事业的实践中产生和发展起来的，同时又指导和推动着新的实践活动。航天文化又以它强大的力量，激励着航天人去克服一切困难，攻克一个又一个难关。航天文化不仅为航天事业的发展提供了强大的精神动力和组织制度保障，而且培养和造就了一代又一代高素质的航天人，为航天事业的持续发展奠定了坚实基础。

6. 多层次性

航天企事业单位的多层次组织结构决定了航天文化的多层次性，这种多层次表现为纵向的主体文化、群体文化和基层文化，横向则是由各部门（或实体）的多中心的文化组合而成。目前，中国航天事业由两大集团数百家企业，与航天事业有关的军队、部门和关联单位组成，不同的企业，不同的部门在航天主体文化的影响下，又有自己的特色文化，因此，航天文化具有多层次性。

7. 创新性

我国的航天事业是自力更生发展起来的，航天科技工业是民族产业。航天事业作为一个尖端科技领域，处于科学技术发展的前沿，涉及众多新学科、新技术，而且所有相关的学科和技术都必须进行新的探索和攻关。这种探索和创新正是航天事业发展的动力，在科技不断创新的实践中形成和发展的航天文化，决定了航天文化的创新性，使航天文化不断增加新的内容、新的成果。在这种文化的熏陶下，一代又一代航天人在瞄准世界先进水平、跟踪世界先进技术方面进行着不懈的努力，创造着新的业绩。

7.2 航天精神

全国解放初期，毛泽东等党和国家领导人面对帝国主义的封锁和挑衅，以大无畏的气概提出要发展自己的国防科技工业。1956 年 10 月 8 日，我国第一个导弹、火箭研究机构——国防部第五研究院宣告成立。勇敢的中国航天人以自力更生、艰苦奋斗的精神，建成了中国第一个导弹、火箭研究基地，形成了一定的研究、设计、生产、试制能力，并迅速转入自行设计、独立研制阶段。就在苏联专家撤离中国两个月后的 1960 年 1 月 5 日，中国第一枚仿制导弹飞行试验圆满成功；

1964年6月29日，我国自行研制的第一枚中近程火箭发射成功；1970年4月，我国第一颗人造卫星载着“东方红”乐曲响彻太空；2003年10月15日，神舟五号载人飞船发射成功……在这一个个奇迹的背后，孕育着独具特色的航天精神，主要包括“自力更生、艰苦奋斗、大力协同、无私奉献、严谨务实、勇于攀登”的航天传统精神，“热爱祖国、无私奉献、自力更生、艰苦奋斗、大力协同、勇于登攀”的“两弹一星”精神，“特别能吃苦、特别能战斗、特别能攻关、特别能奉献”的载人航天精神以及航天系统各单位结合自身特点的一些优良传统和企业精神，使航天精神成为一个具有坚实基础的完整体系。其中，航天精神中的大局意识、奉献精神、拼搏精神、协同理念最为突出，对于航天企业的发展起着至关重要的作用。

7.2.1 大局意识

航天事业是一项大系统工程，航天技术的复杂性、综合性和劳动的集体性要求从事航天工程的企事业单位和个人，必须谦虚谨慎，顾全大局，确立全国一盘棋的思想，一切为了航天事业这个大局，一切都要服从航天事业这个大局，不能讲条件，不能计较得失，必要时要牺牲自己的局部利益，以适应大局的需要。

在长期的实践中，航天系统职工形成了一种极强的大局意识，对外谦虚谨慎，对内以事业为重，严格要求自己。航天人的大局意识在型号的研制和发射阶段，突出表现为时间观念。航天人有一种极强的时间观念，“不能让任务在我们这里误点”就是这种观念的具体体现。我国航天事业起步晚，之所以在短短的50年成为世界公认的航天大国，就是因为有全国数千个单位、几十万科技大军自觉服从大局，保证大局，同舟共济，群策群力，坚持统一指挥和调度，保证了我国航天事业的快速发展。航天事业与国家的前途命运、与人民的和平幸福紧密相连，因此，航天人始终以大局利益为重，以人民利益为最高利益，以苦为荣，以苦为乐，常年超负荷工作，默默承受着常人难以承受的困难和压力。航天人具有的这种大局意识，大大促进了我国航天事业的发展。

7.2.2 奉献精神

无私奉献精神是航天系统广大职工精神风貌的集中体现,是整个航天传统精神最重要的内容,是航天事业赖以生存和发展的强大精神支柱和力量源泉。正是这种精神驱使航天人去奋斗、去攀登,创造出举世瞩目的成就,使我国航天事业跻身于世界先进行列。

无私奉献精神集中反映了航天系统广大职工对航天事业无比热爱和执著追求的坚强意志,体现了为航天事业拼命搏击的顽强作风和为航天事业英勇献身的高贵品质,是航天系统广大职工热爱党、热爱祖国、热爱人民的具体体现。在日常的工作、学习中,表现为热爱本职工作,对工作具有高度的事业心和责任感。在自己的岗位上埋头苦干,任劳任怨,不计得失,不为名利,甘当无名英雄。在事业需要的时候,毅然挺身而出,毫不犹豫地牺牲个人利益,乃至献出自己宝贵的生命。

7.2.3 拼搏精神

在科学的道路上,没有平坦的大道,只有不畏艰险沿着崎岖小路攀登的人,才有希望到达光辉的顶点。航天事业作为一个尖端科技领域,处于科学技术的前沿,有许多未知的规律需要我们去认识、掌握和运用。勇于拼搏精神,是航天高科技领域对科学技术工作者的客观要求,更体现了航天职工远大的志向、顽强的斗志和无所畏惧、开拓前进的英雄气概,是航天事业不断发展的推动力量。勇于拼搏精神,是为了祖国的航天事业披荆斩棘、勇于进取的革命精神,是航天系统职工为了发展航天事业奋力拼搏、不断探索、有所发现、有所发明、有所创造的胸怀和情操,也是航天事业发展的力量源泉。50 年来,广大科技人员正是凭着这种勇于拼搏精神,攻克了一个个技术难关,从一个起点走向另一个起点,从一个高度登上另一个高度,取得了震撼世界的成果。航天事业的历史就是一部航天系统职工勇于攀登的历史。

7.2.4 协同理念

大力协同是我国国情决定的,也是中央领导同志亲自倡导、培养与组织，并通过长期型号研制实践形成的一条重要的航天系统工程管理特色。航天型号的研制工作往往是规模宏大的系统工程，涉及众多领域，需要数千个单位、几十万人员组成一个团结、协作的体系。“两弹一星”研制工作者在当时极其简陋的条件下，不论前线后方，每个人员都能坚守岗位，履行职责，形成了强大合力，为了一个共同目标，团结一心，大力协作，同舟共济，保证了事业的成功。

在航天事业的发展中，大力协同不仅是一种有效的组织管理形式，航天人有困难共同克服，有难题共同解决，有风险共同承担，充分发挥社会主义制度能够集中力量办大事的政治优势，凝聚成一股气势磅礴的强大合力。与世界先进国家比，虽然我国以前的经济、技术在总体上落后，但在航天这个局部却可以形成一定的综合优势，从而迅速取得最好的科研成果和最佳的社会经济效益。实践证明，只有这种大规模的协同作战，才会有中国航天事业的快速发展，才会有“一代人干成几代人的事”的奇迹发生。从航天系统工程的本质特征来说，航天系统工程涉及到诸多科学技术领域和多项专业技术，仅防空系统就有 900 多个专业，同时又涉及多个国民经济部门，跨专业、跨地区、跨所有制情况非常突出，没有大力协同，没有全面、系统的一盘棋，就违背了事物的客观规律，也就根本不能完成和实现任何工作目标。因此可以说，大力协同是航天事业取得一系列重大成就的必要条件和重要保证。

7.3 航天文化管理

7.3.1 文化管理的内涵

何谓文化管理？国内外学者从不同的角度提出了自己的理解，在此不过多叙述，本书较为认同国内学者应焕红的观点。他认为：“所谓‘文化管理’就是把企业管理的软要素作为企业管理的中心环节的一种现代企业管理方式。它从人的心理和行为特点入手，培养企业组织的共同价值观和企业员工的共同情感，形成组织自身的文化；从组织整体的存在和发展角度，去研究和吸收各种管理方法，形成统一的管理风格;通过公司文化的培育、管理文化模式的推进,激发职工的自觉行为和内在积极性。”[2]依此理解,文化管理就是在提炼一种合理的企业价值观系统的基础上,通过各种有效的方法,贯彻企业价值观,形成企业的共同价值观系统,形成全体员工共同的积极向上的做人做事的原则和方式,激发每一位员工工作的积极性、主动性和创造性,形成员工之间的沟通精神和团队精神,使企业人力资源获得最佳配置和最合理使用,发挥最大的潜力,从而使企业所有资源得到最佳配置,发挥最大效用,最终实现企业组织的经济及社会目标。

7.3.2 航天文化管理的含义

1. 航天文化管理的内涵

航天文化管理,是具有行业特色的文化管理,是航天的一级组织(企业或事业单位)为增强其核心竞争力,在完成国家交付的航天研制生产任务的过程中,为培育适应航天工作特殊要求的人才所进行的文化建设的规划、计划、具体工作策划和推行,以及不断完善和提高的全部工作过程。

职工,在企业管理中不仅是其核心对象,而且也是其最难管理的对象。因为物是被动的对象,是“死”的对象,而人是最为积极主动的因素,是“活”的对象;物仅仅按照其明确的使用价值而存在着,人虽然也有社会价值(或属于社会的使用价值),但是,人还有自我价值,人具有人生观、价值观、伦理观,人具有七情六欲,喜怒哀乐,人与人之间还有阶级、阶层、同学、朋友、亲戚等社会关系。因此,要合理地配置人力资源,并使企业的全体员工作为企业的人力资源主动积极地参与这一配置,就必须用一种方式来解决和协调不同员工之间因人生观、价值观、伦理观以及七情六欲、社会关系等造成的利益、情感等方面的矛盾与冲突,形成全体员工共同的积极向上的做人做事的原则和方式,充分发挥每一位员工工作的积极性、主动性和创造性,形成员工之间的沟通精神和团队精神,以实现企业组织的经济及社会目标。从以上对企业文化管理的解释可以发现,企业文化的管理方式恰恰就是这样一种方式。因此,企业文化管理是企业管理的高级形态,航天文化管理也是航天企业管理的高级形式。

2. 航天文化管理的功能

前面已经提到，文化管理不仅仅是管理的一种形式，也是管理的高级形态。航天文化管理是航天企业管理的最高形式，对于我国航天事业的发展起着至关重要的作用，航天文化管理的主要功能如下。

1) 航天文化管理的总体层次功能是使航天系统人力资源获得最佳配置和最合理使用，发挥最大的潜力，从而使国家所拥有的航天资源得到最佳配置，发挥最大效用，增强其核心竞争能力，最终实现航天系统的经济、政治及社会目标，这也是航天企业所有的管理方式、管理手段所要达到的目标，航天文化管理是达到这一目标的方式和手段。

2) 航天文化管理的第二层次功能是通过延续、缔造企业的共同价值观，形成全体员工共同的积极向上的做人做事的原则和方式，激发每一位员工工作的积极性、主动性和创造性，形成员工之间的沟通精神和团队精神。这一层次的功能包含三个方面的内容：其一，延续、发展航天精神，并创新提炼与时俱进的共同价值观，形成全体员工共同的积极向上、爱国敬业的做人做事的原则和方式，甚至是将企业的共同价值观变成员工的心理习惯；其二，激发每一位员工工作的积极性、主动性和创造性，从而使全体员工内在的潜力得到最大的发挥；其三，形成员工的沟通精神和团队精神，使员工能够形成最大的合力，使航天企业能够成为最和谐的实现共同目标的团队。

3) 航天文化管理的第三层次功能是第二层次功能的衍生功能，这种衍生功能包含了众多方面，诸如凝聚功能、激励功能、创新功能、教化功能、促进沟通的功能、促进团结协作的功能等。例如，根据第二层次功能的第一项内容，航天文化管理既然要形成共同的积极向上的做人做事的原则和方式，那么，“共同的……原则和方式”本身就包含了凝聚功能；同时，“积极向上的做人做事的原则”中的“积极向上”，毫无疑问包含了诸如激励、创新、教化等具体功能，甚至这些功能又可以衍生出其他一系列更低层次的功能，如教化功能又可以帮助员工形成良好的道德品质、热爱航天的态度、服从集体的意识、积极竞争的精神等。不仅第二层次功能的第一项内容可以衍生出其他各类功能，第二项内容和第三项内容也可以衍生出其他各类功能。

7.3.3 航天文化管理的实施

企业文化是企业成员共有的行为方式、共同的信仰和价值观，是企业职工的精神支柱，是无形的力量。企业文化需要一个比较长的形成过程，航天文化和其他企业文化一样，也不是一天形成的，它有一个长期的形成过程。航天文化的形成首先要采集，航天文化来源于航天企事业单位；其次是积累，文化是一步一步积累下来的，积累需要一个过程。航天文化的管理就是把积累下来的文化整理为系统的且可以直接应用的文化的过程。

1. 充分重视领导在文化管理中的主导作用

如前所述，航天文化和所有企业文化一样，是一个长期的建设和形成过程，是一个从群众中来、又到群众中去的多次迭代过程，也是实践—认识—再实践—再认识的不断深化的群体认知过程，同时也是具有本单位特色的精神财富的凝聚过程。航天文化建设的主体是全体航天人，包括各级领导、企业家、科学家、英雄模范人物和一般员工。但是，在文化管理中，除重视广大群众的创造作用和主体作用外，更要重视领导集体特别是一把手的主导作用，理由如下。

第一是单位领导要有建设好文化的客观要求，并推动本单位文化建设工作，没有领导的推动和支持，文化建设是无法进行的，因此，可以说文化建设是一把手工程。

第二是领导集体特别是主要领导的价值观、理想、信念和精神是本单位精神形成的主要组成部分，有时甚至是企业主要领导的思想、信念、作风、行为的抽象和推行，再加上各个企业形成和发展历程的不同，就会产生出各具特色的企业文化。因此，企业有千万个，企业文化虽然有其共性的一面，但千差万别，没有一个企业和另一个企业的文化是完全相同的，否则，这个企业本身也就不存在。形象地说，单位主要领导者，企业家的素质、能力、精神、理念和作风是单位文化的DNA。

第三是单位领导者特别是主要领导者，是本单位文化建设的领导者、组织者和积极推行者，又是实践者和职工表率。只有领导以身作则，文化建设才能取得成效，只有领导起到了表率作用，职工才能信服，才能跟进，只有领导切实实践，才能真正树立起本单位的形象，才能不断凝聚人心，同时也才能较快地促进文化的充实、完善和发展。

第四是航天文化是一种以人为中心的管理理念。在贯彻全面协调可持续发展的科学发展观中，坚持以人为本的理念必须首先由领导去推行，领导者必须具有“爱才之心、识才之眼、荐才之勇、用才之道、容才之量”，尊重人才，培养人才，保护人才，激励人才，创造人才脱颖而出的环境，才能使企业文化永葆青春活力。

第五是本单位的文化建设，也包含了重要规范和制度建设，因此领导集体就必须具有不断推进本单位文化形成的长远思维，不断充实和完善有利于文化建设和发展的各项制度、规定和准则等。

2．航天文化管理过程

航天文化管理是航天文化建设、发展、运用和充实、完善、提高的过程，文化建设是文化系统中各要素的确立、发展、应用和物化过程。根据管理工作的一般情况，可以分为设计、执行、检查评价和完善提高四个阶段，同时也是一个不断循环的进步和提高的过程。

(1) 设计阶段

这个阶段主要是领导(主要领导)提出意见和要求，组建文化管理人员和机构，进行工作任务分解，制定全面计划，组织征集和综合提炼等工作。

领导特别是主要领导，对单位文化建设提出明确的意见和要求，是文化管理的基础和前提，以此作为设计的初始条件进行输入。

① 组织和人员

航天文化建设是一个长期的不断深化的过程，同任何事情一样，组织的落实是开展工作的前提，因此要进行文化建设并使之不断发展完善，必须明确负责部门和责任人员，做到任务清楚，职责明确。

一般是单位成立领导小组，由单位的主要负责人担任组长，负责该项工作的领导及有关任务承担部门负责人为成员，决定单位文化总体架构和最终确定单位的价值观、单位目标、单位理念、精神、伦理、形象表征等重大问题。定期研究讨论计划执行情况，决定和协调有关重大问题。

领导小组下设办公室(或某部门)，负责具体工作的实施，如编制计划、分解任务、聘请专家、征集方案、归纳整理、宣传推进、检查改进等一系列工作。

② 工作分解结构

航天文化管理同型号管理一样，具有典型的系统工程特征。进行工作任务分解，是根据系统性、层次性、统一性和目的性原理，逐级分解具体项目，以此作为制定工作计划、安排人力物力和进行分析评价的基础。典型工作分解结构如图 7-1 所示。

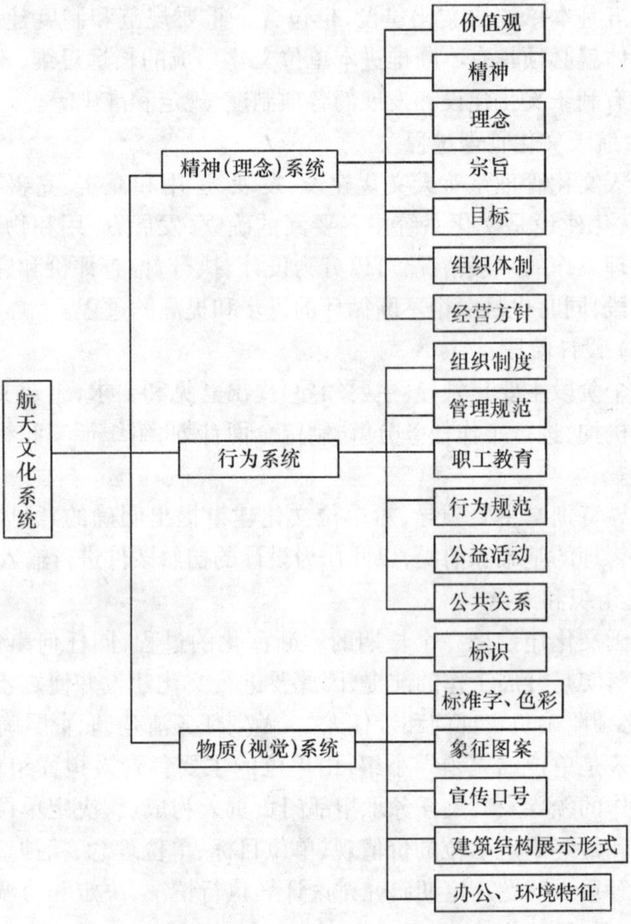

图 7-1　航天文化系统典型工作分解结构

③ 制定工作计划

管理办公室根据领导指示、工作分解结构的内容及本单位内、外环境及条件，制定工作目标和工作计划，并将任务分解到有关单位和部门，经领导小组同意后正式下发文件，以推动计划的落实和实施。

④ 方案征集

在领导小组和办公室的领导和组织下，提出征集目标，发动单位职工集思广益，有时可以向社会发布，对单位价值观、精神、理念、标识等提出意见。

⑤ 综合提炼

在综合各方面方案意见的基础上，归纳几个方案，再次深入地征求意见，直至完成整个方案的设计。这是广泛听取职工群众意见的过程，是凝聚人心，激发职工积极性、创造性，净化职工心灵的过程，是领导和职工群众心心相印、团结互动的过程，也是领导做好群众思想工作、融恰干群关系的过程。因此领导者特别是主要负责人应抓住这个时机，积极参与并注意聆听群众意见，树立领导尊重民心、爱惜民意、亲民、为民的良好形象。

综合提炼是设计阶段最关键的一步，也是第一段成果产出的时刻，在大量收集整理各方意见建议的基础上，经过领导审视，最终确定文化建设的整体方案。

⑥ 完成方案设计工作

方案设计要出三个方面的成果：一是经过科学论证又具有本单位(企业)特点的价值观、理念、企业精神、企业信念、企业理想、经营目标、思维方式和行为规范等理论成果；二是体现单位(企业)价值观、企业精神的生动鲜明的论述和说明；三是实现文化建设目标的工作设想、步骤和程序。

(2) 执行阶段

这是航天文化根植于群众的关键步骤和过程。该阶段的主要工作是有组织地采用各种方式，向下属各单位及全体员工进行长时期宣传和灌输，通过媒体和形象载体向外界宣传和树立企业形象。一般采用的方法有以下几种。

1) 下发宣传材料并进行广泛的宣讲活动。

2）采用寓教于乐的形式，开展娱乐、体育、交谊等形式的活动，举行厂庆和航天成立、集团成立等庆祝活动，开设展室、展厅，宣传航天和本单位的业绩，激励职工的自豪感和认同感，组织演讲会、报告会等各种文化活动，宣传、灌输航天文化，使群众深刻理解并认同航天文化。

3）评选推荐和树立英雄模范人物，如全国劳动模范、五一劳动奖章获得者、全国（企业）优秀职工、"五四"青年奖章获得者、"三八"红旗手、优秀共产党员、新长征突击手、技术大奖赛能手、优秀科技工作者等。

4）制定规章制度和行为规范体系。这是推进航天文化的制度保证，各项制度规定都应对航天价值观的形成起推动作用，通过制度和规范的执行，使全体员工逐步适应并自觉维护航天文化。

5）积极展示航天形象。一方面要努力并有计划地在单位内部建设所有体现航天文化的形象标识；另一方面可以利用信息技术、网络技术、光电技术，通过电视、广告等宣传手段，推介航天企业形象，还可以通过展销会、展览会、学术交流会、论坛会等形式宣传航天企业形象。

（3）检查评价阶段

经过一段时间的宣传和执行，航天文化在单位有了一定的成效，或经过一定时间后，需要评估航天文化建设和管理的成效，找出存在的不足，一方面指导下一步的工作，另一方面为航天文化的完善和发展提供依据。

检查方法一般是由办公室组织巡查组、检查组或组织专家对各单位进行检查，听取汇报，检查环境和有关情况，提出改进意见。

当航天文化建设进行到一定阶段后，需要进行工作和效果评价。评价一般采用问卷调查法、专家打分评价法和价值评估法。问卷调查和专家打分都要事先设计调查提纲并设立评价指标体系，问卷调查表的设计，应尽量使被调查者以最简捷的文字回答问题，如打√、打×或是、否等，专家打分则应规定各项指标的加权分值，有采用1、0的，如果需要细分则应设几个档次，在上述评估中，都要有1～2个表述性的评价题目，以使调查者明确掌握更为具体的情况。

价值评估是请有关审计事务所评估航天企业无形资产的情况，可以使领导者和职工了解航天文化建设的价值成果，对投入产出有一个明晰的认识。

(4) 完善提高阶段

在前三个阶段的基础上，特别是检查评估阶段后，对于单位内外反馈的意见和建议，航天文化办公室要及时予以归纳整理，在原有基础上，提出提高、补充、完善和修改意见，交航天文化领导小组讨论决策。

经领导小组确定意见，由航天文化管理办公室根据单位当时发展的状况，重新拟订执行计划和方案，进行下一轮的航天文化建设和提升工作。

航天文化建设和管理工作，就像企业质量管理的P、D、C、A循环一样，随着时代的变化、科技的发展、企业状况的不同、企业环境的变化以及重大事件的发生，不断推进，不断完善，不断提升和凝练，一步一个台阶，一次一大进步，成为代代传承的凝聚航天职工的宝贵物质财富和精神财富。

7.4 航天文化建设

7.4.1 航天精神的提炼和宣传

1. 航天精神的提炼

航天精神在不同的时代，在不同的航天企业会表现出丰富的多样性，但它的基本内容是一脉相承的，航天精神具有很强的开放性，处于不断的升华和动态的变化之中，因此，在新的形势下，要对航天精神进行不断的提炼和完善，使航天精神呈现出崭新的生命力，永葆青春。

在航天企业几十年的发展中，一定会积淀一些支撑员工思想的理念和精神。这些理念和精神，包含在航天企业创业和发展的过程之中，隐藏在一些关键事件之中。把隐藏在这些事件中的精神和理念提炼出来，并进行加工整理，就会发现真正支撑航天企业和航天事业发展的深层次精神。提炼航天企业精神可以分为以下几个步骤。

第一步,发动群众。航天精神的提炼是一个发动群众、总结实践经验的过程,各企业可以根据具体情况,找数位从创业到发展全过程都参加的人,让他们每个人讲几件事:你认为在这些年的创业历程中,在企业发展中,你最受感动的一件事是什么?对企业发展最重要的一件事是什么?你最难忘的一件事是什么?然后让每个人再讲几个人:你认为对企业贡献最大的人是谁?这个人最宝贵的精神是什么?你从他身上受到的最大启发是什么?讲完后,由专人把他们讲的故事记录下来。

第二步,归纳整理。把重复率最高的航天企业故事整理出来,进行初步加工,形成完整的故事。

第三步,调查群众。找一批刚来企业一年左右的员工,最好是大学毕业生,把整理好的故事讲给他们听。然后,向他们提问:这个故事你听说过没有?你听了之后,最深的感受是什么?哪个情节最令人感动、难忘?这个故事体现了一种什么精神?用什么词来表达你的感受?把他们的回答记录下来。

第四步,提炼加工。邀请专家和有关企业领导对记录的内容进行研究、加工,从中提炼出使用率最高的代表故事精神的词。这些词经过加工,就是航天企业精神。

第五步,最终确定。按照提炼出来的反映航天企业精神的核心词,重新改编故事,在尊重历史的前提下,进行文学创作,写出集中反映核心词的航天企业自己的故事。之后广泛征集群众意见,深入讨论,最终确定企业精神。

当然,航天企业精神建设还要从未来出发进行设计,对行业进行分析,对竞争对手进行分析,对自己的发展目标进行定位,找到现状与目标的差距。进一步回答:要想缩短差距,实现目标,企业必须具备什么精神?应该用什么理念指导自己?按照这种要求,设计出面向未来的航天企业精神。把从历史中提炼的精神和从未来出发设计的精神结合,进行加工整理,就形成企业的核心精神。

航天精神的提炼要纳入企业发展规划,航天精神是由实践—认识—再实践—再认识一步一步提炼出来的,因此航天精神的形成是一个长期过程,是一个不断提炼升华的过程。航天精神是航天事业发展规律的反映，只要航天事业不断向前发展，航天精神也就会不断地向前发展。

2. 航天精神的宣传

航天精神是航天企业价值观的集中体现，客观反映了企业成员积极向上的群体意识，推动了航天企业不断发展壮大。为了使航天精神深入人心，真正成为反映本单位特色、体现本单位职工风貌、凝聚和激励本单位职工精神的有效载体，就必须利用黑板报、橱窗、报纸、网站、企业手册等多种形式对广大干部职工进行多渠道、全方位的宣传教育活动。

航天精神的宣传主要从以下几个方面进行。

(1) 编写教材

航天企业应根据本单位的具体情况，编写教材或者手册，使企业精神比较容易地被传播和学习。现在，航天两大集团公司都编写企业文化手册，下发到各企事业单位，用于企业单位的统一学习和交流。各企事业单位也都在集团公司企业文化手册的指导下，编写自己的企业文化教材。

(2) 系统培训

要使员工认同航天文化，就要不断开展企业精神培训。要让企业的每一位职工都能够参加企业文化的培训，培训要定期、有计划地进行，而且要把培训做得有深度、有特色，切不可流于形式、走过场。

(3) 广泛宣传

航天企业采取多种形式开展航天精神的宣传教育，利用报纸等媒体跟踪报道企业精神教育的情况和经验。航天已经涌现出了而且还会涌现出一批先进模范人物，要作为典型和榜样在职工中进行宣传教育。集团的各种重要会议、重大活动、大型试验、重要文件、教育讲话、宣传材料都要大力宣扬航天精神。

(4) 实践锻炼

实践是航天精神的源泉，是航天精神不断完善和提高的基础，要把航天精神融入到党内主题活动、劳动竞赛、群众性技术比赛、岗位练兵、岗位能手活动和企业经营管理活动之中。以各种活动为载体，实践航天精神，推动航天精神的建设和发展。

7.4.2 航天型号思想政治工作保障体系建设

思想政治工作是用马克思主义和党的路线、方针、政策教育人、改造人、团结人、激励人，不断提高工人阶级和全体劳动人民的思想政治觉悟，以及革命和建设的积极性，以实现当前和长远的奋斗目标。思想政治工作是航天事业的生命线，通过思想政治工作，贯彻上级党组织对型号研制任务的各项要求，教育和激励科技人员焕发出极大的工作热情，以忘我的精神去完成各项型号任务。思想政治工作渗透到型号研制的全过程，紧紧围绕型号研制工作的方案论证、研究设计、试制生产和试验等各个阶段开展工作。思想政治工作的好坏，直接关系到型号任务的成败。思想政治工作保障体系是航天系统为保证型号任务的完成而建立的一套完整系统，是思想政治工作的创造性实践。

1. 方案论证阶段

型号研制工作的第一阶段是方案论证阶段。这一阶段的任务是根据国家的军事需求，论证战术技术指标的可实现性，选定技术路线，提出可行的型号总体设计方案。为了论证工作的协调和思想统一，保证型号总体方案的正确性，政工干部配合和支持技术指挥人员，深入进行调查研究，做好思想引导和协调工作，大力宣传和贯彻型号设计工作的原则和指导思想，充分发扬民主，引导科研人员正确处理各种关系和矛盾，保证方案论证得到圆满结果。

根据国家下达的型号研制要求，总设计师系统拟定出开展型号研制工作所必须遵循的原则或设计指导思想，思想政治工作根据这些原则和设计指导思想，在型号方案论证阶段，运用各种形式，反复强调贯彻设计指导思想的重要性和必要性，深入宣传贯彻设计指导思想，引导广大研制人员正确处理研制中的各种关系和矛盾。在方案论证阶段，存在大量技术上的分歧和争论，其深层往往夹杂着复杂的思想认识问题，所以，在处理上述问题时，对思想问题不能有丝毫的放松和忽视。

2. 方案研制阶段

该阶段的目标是根据上级批准的型号研制任务和总体设计方案，动员广大科技人员通过艰苦的、创造性的劳动，精心研究、设计、分析、试验,拿出高质量的研究设计成果——型号全套设计图纸、文件,工厂做好承担试制任务的各项准备,积极参与研制工作。该阶段思想政治工作的任务,是紧密结合设计工作实际和思想实际,运用各种形式,深入做好经常性的思想引导工作,不断提高设计人员的思想觉悟,促使其自觉地以正确思想克服错误思想,正确解决理论与实践、工作与学习、主角与配角等关系,团结合作,奋力拼搏,顺利完成型号研制阶段的任务。

思想政治工作,要反复宣传任务的重大政治意义,宣传党中央的亲切关怀和全国人民的殷切期望,激发广大职工奋发图强、为国争光的事业心、责任感和紧迫感,鼓励大家克服一切困难,齐心协力投入到型号研究、设计中去。思想政治工作还要结合研究设计各阶段的现实思想,做好思想教育工作,发挥思想政治工作的威力,推动关键技术的突破。

3. 工程研制阶段

这个阶段一般可分为初样和试样两个阶段。

初样阶段主要是完成试验产品的研制,进行一系列的试验来验证设计方案的正确性。该阶段任务繁杂、头绪多、单位多、协调工作量大,同时也是各承担任务单位的产品第一次汇合和集成。思想政治工作就是要在工作中不断统一大家的思想,克服困难,保证研制产品和各项试验工作的质量,遇到故障时要切实按照归零的标准认真归零。特别要注意克服畏难情绪、烦躁情绪和浮躁情绪,正确处理质量和进度、质量和效益、质量和安全等关系,保质保量地完成研制和试验工作。

试样阶段的主要任务是完成试样产品的生产、鉴定性地面大型试验和飞行试验工作。这是航天型号研制工作中一个关键的阶段,它全面检验设计方案与工艺的正确性、可靠性,而且是研制工作各个环节工作质量的总检验,因此做好试样阶段特别是飞行试验中的思想政治工作,提高每个参试人员的责任心、使命感,对于确保试验圆满成功,起着重要的思想保证作用。

大型试验是一个庞大的系统工程,思想政治工作应始终抓紧对全体参试人员的教育,要求大家以全局观念、集体主义精神和高姿态、高风格的模范行动，搞好同参试单位和兄弟单位之间的团结，经过大量的思想工作，确保解决好各种矛盾。要教育试验工作人员在飞行试验前，思想上作好两手准备，一方面要全力以赴地力争成功，另一方面也要看到，既然是试验，就有成功和失败两种可能，既要动员大家增强信心，同时也要提醒大家做好失败的思想准备。当飞行试验一旦受挫，首要工作是抓紧稳定参试人员的思想情绪，发动群众，以科学的态度认真总结经验教训，采取改进措施，争取第二次飞行试验的成功。

4. 生产阶段

生产阶段的目标，是按照型号定型图纸资料，生产出符合设计要求的产品。生产阶段的主体是生产工人，开展生产中的思想政治工作，主要是使工人焕发主人翁责任感和使命感，发挥生产工人的积极性、创造性，进一步补充、完善工艺，保证按时向国家交出优质的型号产品。与此同时，还要做好设计人员的思想工作，引导他们积极配合工厂生产，虚心向工人学习，保障生产工作顺利进行。

思想政治工作要教育职工树立全局观念，搞好团结，通过教育和典型示范，使职工牢固树立顾全大局的思想，培养不怕困难、永挑重担的好作风。质量是产品的生命，关系到试验的成败和装备的好坏，如果稍有疏忽，出现质量事故，就会造成大型试验或飞行试验失败，使上万人多年的劳动和巨额资金付之东流，交付部队的产品质量出现问题，就会使部队装备不能使用，不能形成战斗力。因此，在试制和生产的全过程要始终坚持从思想教育入手，在增强职工质量意识上下工夫。

7.4.3 航天质量文化建设

我国航天系统各单位质量文化建设经过多年的积累，各具特色，本书重点探讨中国航天科工集团公司（以下简称“航天科工集团”）质量文化建设的实践与经验。

1. 结合科研生产，宣传质量文化

航天企业积极开展“3·22”航天质量日、全国质量月等各种主题活动，通过《中国航天报》等媒体及质量工作会议等各种形式的宣贯、交流活动，开展了形式多样的质量文化宣传教育活动，营造了浓厚的质量文化氛围。

航天科工集团组织编写了《中国航天科工集团公司大型试验故障启示录》，并发放至各单位组织学习，对于树立“质量第一”、“预防为主”、“举一反三”等意识起到了很好的教育警示作用。2002年，结合全国质量月活动，航天科工集团召开了质量文化建设现场会，对〇六六基地红阳厂在科研生产中形成的“双五自”(自觉执行文件、自觉暴露问题、自觉分析原因、自觉制定措施、自觉奖优罚劣，自检、自分、自填、自查、自纠)活动进行了现场调研和推广。

航天科工集团二院组织开展了以“确保质量、青年争先”为主题的征文活动及“质量在我身边”小品表演专题活动。航天科工集团三院建立了质量曝光台，对低层次质量问题和质量问题归零情况进行曝光；结合外场试验进行了深入的现场质量文化建设培训，提出以实际行动体现外场质量文化建设、以质量文化建设促进外场试验的思路，取得了良好效果；航天科工集团出版了《质量文化在三院》宣传册，将宣传册分发到各单位，从“质量文化建设重在实践，全员参与，塑造飞航质量文化”的角度开展质量文化宣传教育活动。航天科工集团四院提出了“关注细节、狠抓细节、细节决定成败”的质量理念并在科研生产中贯彻实施，对型号飞行试验的成功起到了保证作用。航天科工集团〇六六基地大力倡导“第一次就把工作做对”的质量理念，反复强调“第一次就把工作做对”是解决各方面矛盾、实现“一次成功”的最有效、最现实的办法。

通过广泛深入的质量文化宣传教育活动，航天科工集团质量文化核心内容深入人心，全员质量意识得到加强，广大员工关注、探讨和深入研究质量的良好氛围日益浓厚，“一次做对”、“零缺陷”等质量理念和氛围已逐步在集团内形成，成为实际工作中的努力目标。

2. 完善质量规章，加强质量文化行为层建设

航天科工集团在积极贯彻国防科工委、总装备部及国家有关质量管理规章和标准规范要求的基础上，针对科研生产及质量工作实际情况，围绕强化质量管理工作，制定了一系列规章，初步形成了符合集团公司实际的质量规章文件体系，促进了质量工作的规范化、制度化。

航天科工集团在《航天科工质量文化手册》中对集团公司质量管

理体系、质量规章体系和重要管理层的主要质量职责框架进行了规划，形成了质量规章体系框架，并在其基础上先后制定了《中国航天科工集团公司质量管理规定》、《中国航天科工集团公司型号质量问题管理归零办法（暂行）》、《中国航天科工集团公司质量事故责任追究办法》、《中国航天科工集团公司全面促进质量管理体系有效运行的若干意见》、《关于强化"三个甲方负责制"，进一步加强过程质量控制的通知》、《中国航天科工集团公司型号外协质量管理办法》等质量规章及要求，成立了航天科工集团质量委员会，负责集团公司重大质量工作的决策，建立了集团公司的质量综合分析制度，定期分析单位、型号质量形势并提出解决措施，实施持续改进，从制度和管理上有效规范了质量工作的开展。

质量行为规范的不断完善，带动了质量与可靠性知识技能从专业化向普及化的发展，质量管理从救火型、运动型向预防型、日常型的转变，质量行为从粗放式、被动式向"一次做对"、自觉式的转变，质量工作日臻规范化、制度化。

3. 质量形象建设

航天科工集团通过大力开展丰富多彩的质量形象建设，创建了良好的科研生产现场及工作环境，争先创优、关注用户的质量氛围浓厚，全员参与质量的意识得到进一步增强，为科研生产及质量文化建设的深入发展创造了良好的环境。

航天科工集团分别设立并颁发了"航天科工质量奖"和"中国航天（科工）优质产品"标志，以表彰在质量工作中做出突出成绩的单位及在产品质量效益方面取得突出成绩的创优产品，集团公司内追求卓越、不断提高产品质量及竞争力的争先创优氛围浓厚。集团公司建立了用户满意度征询制度，设立"用户满意度征询卡"，定期征询产品使用单位的意见并不断实施改进，对加强与武器装备使用单位的交流、促进产品和服务不断追求"用户满意"的目标起到了有力的推动作用。集团公司紧密结合科研生产和质量管理实际，开展了以6S为主要内容的现场管理达标活动，对改善科研生产现场环境、提高员工素养和工作效率、充分展示航天企业和航天人的风貌、以工作质量保证产品质量起到了有力的促进作用，有效促进了产品质量和现场管理水平的提高。

参考文献

[1] 谈凤奎.中国航天文化[M].广州:华南理工大学出版社,2001:18-20,22-25.

[2] 应焕红.公司文化管理[M]. 北京:中国经济出版社,2001:69.

[3]《航天传统精神概论》编写组.航天传统精神概论[M].北京:宇航出版社,1990:6-8,37,57-59,75,95-99.

[4]《中国航天事业的生命线》编写组.中国航天事业的生命线[M].北京:宇航出版社,1996:1-10.

[5] 胡广华.重新认识航天精神 丰富发展航天精神[J].航天工业管理,1996(5).

[6] 张庆伟,殷兴良.功勋卓著 风范永存——纪念钱学森归国50年[N].中国航天报,2005,总第1204期.

[7] 张钧,等.当代中国的航天事业[M].北京:中国社会科学出版社,1986:510.

[8] 杨照德.卫星上天蕴涵的文化意义——纪念我国第一颗人造卫星上天35周年[J].国防科技工业,2005(4).

[9] 吴忠民.弘扬航天传统精神 加强企业文化建设[J].航天工业管理,2000(7).

[10] 胡世祥,张庆伟.中国载人航天工程——成功实践系统工程的典范[N].人民日报,2004-04-12.

[11] 张德.企业文化建设[M].北京:清华大学出版社,2003:1-50.

[12] 刘宝发,邹照菊.企业文化的内涵、构成及功能分析[J].企业改革与管理,2005(10).